Merouane Mahdi (Éd.)

Etude de la stabilité des asservissement visuels 2D

Merouane Mahdi (Éd.)

Etude de la stabilité des asservissement visuels 2D

Lois de commande

Presses Académiques Francophones

Imprint

Any brand names and product names mentioned in this book are subject to trademark, brand or patent protection and are trademarks or registered trademarks of their respective holders. The use of brand names, product names, common names, trade names, product descriptions etc. even without a particular marking in this work is in no way to be construed to mean that such names may be regarded as unrestricted in respect of trademark and brand protection legislation and could thus be used by anyone.

Cover image: www.ingimage.com

Publisher:
Presses Académiques Francophones
is a trademark of
International Book Market Service Ltd., member of OmniScriptum Publishing Group
17 Meldrum Street, Beau Bassin 71504, Mauritius

Printed at: see last page
ISBN: 978-3-8416-3310-1

Copyright ©
Copyright © 2015 International Book Market Service Ltd., member of OmniScriptum Publishing Group
All rights reserved. Beau Bassin 2015

Remerciements

Je tiens à remercier :

- Mr Hicham HADJ ABDELKADER, Maitre de Conférences Equipe HANDS - Laboratoire IBISC - France pour avoir proposé ce sujet de Stage et ses précieuses remarques le long de cette thèse, ces précieux conseils m'ont été d'un réel apport, je lui souhaite un très grand succès dans sa vie professionnelle.

- Mme A. CHOUKCHOU BRAHAM, qui m'a permis d'effectuer ce Stage et su m'encadrer tout en me permettant d'évoluer librement. Je lui souhaite une très grande carrière pleine de réussite dans le monde de la recherche.

- Mr Brahim CHERKI, qui a veillé pour accomplir ce Master Recherche qui a complété ma formation d'Ingénieur et fut pour moi une expérience réussie comme initiation au travail de recherche.

- Les enseignants du Master «Automatique » de l'Université de Tlemcen pour la transmission de leur savoir éducatif et que j'ai eu un grand honneur de rencontrer.

- Aussi, à ma famille qui n'a pas hésité à m'aider et m'encourager tout au long de ce Master.

- Pour mes deux anges Sami et Sonia

- Enfin, toute personne ayant contribué de près ou de loin à l'élaboration de ce travail.

Merouane

Tables des matières

Abréviations 5

Tables des figures 6

Introduction générale 7

Présentation de la thèse 8

Abstract - Mots clés 9

Chapitre 1

1.1. Introduction 12
1.2. Représentation d'état et systèmes non linéaires 12
1.3. Présentation des modèles flous de type Takagi-Sugeno (T-S).../ 13
1.4. Approche pour obtenir des modèles flous de type Takagi-Sugeno 16
    Exemple 1 18
    Exemple 2 19
1.5 Stabilité et stabilisation des modèles T-S standards 21
    1.5.1. Stabilité des modèles T-S 21
    1.5.2. Stabilisation par retour d'état des modèles T-S standards 22
    1.5.3. Stabilisation par retour de sortie 22
1.6 Conclusion 23

Chapitre 2

2.1 Introduction 26
2.2 Asservissement visuel 27
2.3 Classification des asservissements visuels 27
    2.3.1 Asservissement visuel 3D 28
    2.3.2 Asservissement visuel 2D 29
    2.3.3 Asservissement visuel $2D_{1/2}$ 31
    2.3.4 Asservissement visuel d2D/dt 32
    2.3.5 Mouvement de la caméra et variation des informations visuelles 33
2.4 La mesure visuelle 34
    2.4.1 Position du capteur 34
    2.4.2 Mesure 3D 35
    2.4.3 Mesure 2D 37
    2.4.4 Mesure hybride 2D1/2 41
2.5 Génération de trajectoire 43
2.6 Conclusion 44

Chapitre 3

3.1   Introduction……………………………………………………………..….47
3.2   La commande……………………………………………………………..…47
      3.2.1 Commande séquentielle……………………………………….…47
      3.2.2 Commande dynamique……………………………………….…47
      3.2.3 Commande cinématique……………………………………….…..48
3.3   Commande cinématique 2D………………………………………..….49
3.4   Calcul de la matrice d'interaction ……………………………..……....50
3.5   Application…………………………………………………………….....55
3.6   Conclusion ……………………………………………………....…...66

Conclusion et perspectives………………………………………..….…..67

Annexe

    Annexe 1………………………………………………………………….…..70

    Annexe 2…………………………………………………………………….…..79

    Annexe 3……………………………………………………………….…..83

Bibliographie

Abréviations

TS : Takagi-Sugeno

MFC : Modèle Floue Continu

MFD : Modèle Floue Discret

LTI : Linear Time Invariant

MTSS : Modèle Takagi Sugeno Standards

LMI : Inégalités Matricielles Linéaires

PDC : Parallel Distributed Compensation

PPDC : Proportional Parallel Distributed Compensation

LFT : Transformation Fractionnelle Linéaire

IBC : Image Based Control

PBC : Position Based Control

IBVS: Image Based Visual Servoing (AV2D)

AV2D : Asservissement Visuel 2 Dimensions

AV3D : Asservissement Visuel 3 Dimensions

AV2D$_{1/2}$: Asservissement Visuel Hybride

H : Matrice d'Homographie

L_s^z : Matrice d'interaction

e : Fonction de tâche

Eye toHand : Caméra Déportée

Eye in Hand: Caméra Embarquée

Tables des figures

Fig. 1.1	Structure et implémentation d'un modèle T.S. Standard
Fig.1.2	Secteur non linéaire global
Fig. 1.3	Secteur linéaire local
Fig. 2.1	Schéma d'asservissement visuel 3D
Fig. 2.2	Schéma d'asservissement visuel 2D
Fig. 2.3	Schéma d'asservissement visuel 2D1/2
Fig. 2.4	Projection d'un solide dans le plan image de la caméra
Fig. 2.5	Configuration de la caméra
Fig. 2.6	Schéma bloc d'AV3D basé sur la mesure 3D
Fig. 2.7	Schéma bloc d'AV2D basé sur la mesure 2D
Fig. 2.8	Problème d'avance – retrait
Fig. 2.9	Schéma bloc d'AV2D basé sur la mesure 2D
Fig. 3.1	Chaine d'asservissement visuel en boucle fermé
Fig. 3.2	Commande d'asservissement visuel en boucle fermé
Fig. 3.3	Commande cinématique
Fig. 3.4	Coordonnées d'un point dans le repère de la caméra
Fig. 3.5	Robot mobil avec caméra embarquée
Fig. 3.6	Domaine de la stabilité du système d'état
Fig. 3.7	Robot mobil avec caméra embarquée orientée vers le haut
Fig. A1.1	Projection – plan épipolaire
Fig. A1.2	Modèle sténopé (1)
Fig. A1.3	Modèle sténopé (2)
Fig. A1.4	Projection perspective
Fig. A1.5	Prise en compte de la focale
Fig. A1.6	Prise en compte des pixels
Fig. A1.7	Calibrage et calcul de la pose
Fig. A2.1	Schéma d'un AV3D

Introduction Générale

Depuis toujours les chercheurs ont eu la volonté de reproduire les capacités humaines de perception et d'action dans les systèmes robotisés qui a conduit à l'intégration des données issues des capteurs extéroceptifs, et plus particulièrement de celles issues d'une caméra afin de réaliser le rêve du ROBOCOP.

L'objectif affiché est que les capteurs visuels fournissent une information suffisamment riche pour permettre aux robots de réaliser, de manière autonome, des tâches dans des environnements partiellement connus, ou complètement inconnus.
D'un point de vue méthodologique, l'asservissement visuel consiste à intégrer directement dans la boucle de commande des robots, des informations extraites des images fournies par des caméras afin de réaliser l'action souhaitée.

En pratique, cela permet un élargissement important du domaine d'application de la robotique, et une amélioration considérable de la précision obtenue.
Les approches classiques sont basées sur la régulation à zéro de l'erreur entre les valeurs courante et désirée d'informations visuelles sélectionnées, soit dans l'image 2D, soit dans l'espace 3D, par la suite nous donnons plus de détails.

Ces approches supposent qu'il existe un lien entre les images initiale, courante et désirée. En effet, ils requièrent la mise en correspondance de primitives visuelles extraites de l'image initiale avec celles extraites de l'image désirée. Ces primitives sont ensuite suivies lors du mouvement de la caméra (et/ou de l'objet).
Si une de ces étapes échoue, la tâche robotique ne pourra pas être réalisée. Par exemple, s'il est impossible d'extraire des primitives visuelles communes aux images initiale et désirée ou si les primitives visuelles sortent du champ de vision durant le mouvement de la caméra (et/ou de l'objet) alors la tâche ne pourra pas être réalisée.

Quelques travaux se sont intéressés à ces problèmes. Les méthodes proposées sont basées sur des techniques de planification de trajectoires, de la commande, d'ajustement du zoom ou de considérations géométriques et topologiques. Cependant, de telles stratégies sont quelquefois difficiles à mettre en œuvre.

Présentation de la thèse

Dans cette thèse nous présentons quelques problèmes qui s'affichent fortement dans le domaine de la commande par vision et qui sont la stabilité et la robustesse, nous nous intéressons justement au problème de la stabilité des asservissements visuels 2D, nous proposons dans cette étude une nouvelle approche, l'organisation de la thèse découle en trois parties essentielles :

Chapitre 1: Nous rappelons l'approche sur la modélisation, la stabilité, et la stabilisation des modèles flous de type Takagi Sugeno (TS) afin de pouvoir l'utiliser dans l'étude de la stabilité des asservissements visuels, le but est de donner des conditions de stabilité sous la forme d'un problème à résoudre composé de contraintes LMI (Linear Matrix Inequality).

Chapitre 2 : Nous mentionnons les différents types d'asservissements visuels dont le but est la régulation à zéro de l'erreur entre l'image désirée et l'image courante, et la mesure qui y sont liées, l'information extraite de l'image de nature 3D et qui nécessite la reconstruction de la seine en utilisant en entrée de la boucle de commande des informations tridimensionnelles, contrairement aux asservissements visuels 2D qui utilisent directement les informations visuelles extraites de l'image, la tâche à réaliser est alors spécifiée directement dans l'image en termes d'indices visuels de référence à atteindre.
L'asservissement visuel $2D_{1/2}$ exploite des informations à la fois de nature 2D et 3D. Cette technique est basée sur l'estimation de l'homographie qui relie l'image d'au moins trois points entre différents plans projectifs.

Chapitre 3 : Nous citons les différents types de commande en particulier la commande qui en découle des AV2D où nous avons synthétisé une loi de commande cinématique 2D ensuite nous présenterons le système non linéaire, nous étudierons la stabilité en utilisant l'approche T.S., et nous terminons par une application, une caméra embarquée sur un robot mobile déterminant les conditions de stabilité sous la forme d'un problème à résoudre composé de contraintes LMI et la description d'une méthode permettant de résoudre les problèmes qui leurs sont associés.

Et à la fin nous terminerons notre thèse par une conclusion et quelques perspectives.

Mots clés : Modèle Floue - Takagi-Sugeno – Stabilité / Stabilisation par T.S.- LMI (Inégalités Matricielles Linéaires) - Asservissement Visuel - Fonction de tâche - Matrice d'interaction

Abstract

Visual servoing techniques are based on the regulation to zero of an error function (usually called task function) computed from the current and desired measurements. These techniques are efficient for a large class of applications but they come up against difficulties when the stability is not warranted in the control law. We have in the literature three classes of visual servoing: Pose based visuela servoing, image based visual servoing and hybrid visual servoing. We focus our thesis to study the stability of the image based VS.

Since the closed-loop continuous system of image based visual servoing scheme is nonlinear, we propose to use the Takagi-Sugeno approaches to discuss conditions on stability of continuous (T-S) fuzzy systems. The stability analysis is derived via quadratic Lyapunov function technique and LMIs (Linear Matrix Inequalities) formulation to obtain an efficient condition.

Finally, the stability analysis of an eye-in-hand robotic system is presented and confirms the validity of our approach study.

Keywords: Fuzzy model - Takagi-Sugeno – Takagi Sugeno –T.S. based Stability / Stabilization - LMI (Inequality Matrix Linear) – Visual servoing – Task function.

Chapitre 1

Sommaire Chapitre 1

1.1 Introduction

1.2 Représentation d'état et systèmes non linéaires

1.3 Présentation des modèles flous de type Takagi-Sugeno (T-S)

1.4. Approche pour obtenir des modèles flous de type Takagi-Sugeno

    Exemple 1

    Exemple 2

1.5 Stabilité et stabilisation des modèles T-S standards

    1.5.1. Stabilité des modèles T-S

    1.5.2. Stabilisation par retour d'état des modèles T-S standards

    1.5.3. Stabilisation par retour de sortie

1.6 Conclusion

Modèles flous de type Takagi Sugeno (T-S)

1.1. Introduction :

Ce chapitre a pour objet de présenter certains travaux sur la modélisation et la stabilité des modèles flous de type Takagi Sugeno (T-S) ainsi que leur extension à la classe des descripteurs du même type.

Nous présentons d'abord les différentes techniques d'obtention d'un modèle T-S et donnerons un exemple d'illustration sur la méthode la plus efficace pour y aboutir à partir d'un modèle dynamique non linéaire. Ensuite, les notions de stabilité et stabilisation de ce type de modèles rencontrées dans la littérature seront brièvement abordées.[Tahar BOUARAR]

1.2. Représentation d'état et systèmes non linéaires

Tout système physique *à évolution continue* peut s'écrire sous la forme d'une représentation d'état. Celle-ci permet de décrire des relations d'entrées sorties d'un système par le biais d'une modélisation sous la forme d'équations différentielles ordinaires.

La forme générale d'une représentation est donnée par :

$$\begin{cases} f(\dot{x}(t), x(t), u(t)) = 0 \\ y(t) = h(x(t), u(t)) \end{cases} \quad (1.1)$$

où $x(t)$ est le vecteur d'état du système $u(t)$ le vecteur d'entrée et $y(t)$ le vecteur de sortie. La première équation est appelée « **équation d'état** » et la seconde, « **équation de sortie** ». Notons que le système (1.1) est donné sous forme générale et inclut la classe des modèles écrit sous la forme d'une représentation d'état, dite affine en la commande donnée sous la forme:

$$\begin{cases} \dot{x}(t) = f(x(t)) + g(x(t))\, u(t) \\ y(t) = s(x(t)) + m(x(t))\, u(t) \end{cases} \quad (1.2)$$

où $f(x(t))$ est la fonction d'état, $s(x(t))$ la fonction de sortie et $m(x(t))$ est la matrice de couplage entrée-sortie, $g(x(t))$ la fonction d'entrée.

D'autres systèmes affines en la commande permettent de prendre en compte la forme implicite d'un système ou encore les particularités structurelles de modélisation. Cette classe est appelée classe des « **descripteurs** » et permet de représenter les modèles non linéaires donnés par :

$$\begin{cases} E(x(t))\dot{x}(t) = f(x(t)) + g(x(t))\, u(t) \\ y(t) = s(x(t)) + m(x(t))\, u(t) \end{cases} \quad (1.3)$$

1.3 Présentation des modèles flous de type Takagi-Sugeno (T-S)

Les modèles flous de type Takagi-Sugeno sont représentés dans l'espace d'état par des règles floues de type « Si –Alors » [Takagi et Sugeno, 1985].

Modèle continu :
Ce type de modèle flou est utile pour la représentation des systèmes *non linéaires* tels que les systèmes électriques, chaotiques, etc. La $i^{\grave{e}me}$ règle floue d'un modèle T-S continu (*en temps continu*) (MFC) s'écrit sous la forme :

R^i :   Si $z_1(t)$ est $F_1^i(z_1(t))$ et $z_2(t)$ est $F_2^i(z_1(t))$ .... $z_p(t)$ est $F_p^i(z_p(t))$

Alors :

$$\begin{cases} \dot{x}_i(t) = A_i x(t) + B_i u(t) \\ y_i(t) = C_i x(t) + D_i u(t) \end{cases}$$

où R^i représente la $i^{\grave{e}me}$ règle floue, $i = 1,..., r$, $F_j^i(z_j(t))$ et $j = 1,..., p$ sont les sous ensembles flous, r le nombre de règles floues, $z_j(t)$ sont les variables de prémisses qui dépendent de l'entrée et/ou de l'état du système, $x(t) \in \mathbb{R}^n$, $y(t) \in \mathbb{R}^q$ et $u(t) \in \mathbb{R}^m$ représentent respectivement le vecteur d'état, le vecteur de sortie et le vecteur de commande. $A_i \in \mathbb{R}^{n \times n}$ $B_i \in \mathbb{R}^{n \times m}$ $C_i \in \mathbb{R}^{q \times m}$ $D_i \in \mathbb{R}^{q \times m}$ sont des matrices décrivant la dynamique du système.

Modèle discret :
Le modèle temps discret (MFD), le temps t est alors congru à K et le modèle est alors décrit par les équations de récurrences suivantes :

R^i :   Si $z_1(k)$ est $F_1^i(z_1(k))$ et $z_2(k)$ est $F_2^i(z_1(k))$ .... $z_p(k)$ est $F_p^i(z_p(k))$

Alors :

$$\begin{cases} x_i(k+1) = A_i x(k) + B_i u(k) \\ y_i(k) = C_i x(k) + D_i u(k) \end{cases} \quad (1.5)$$

A chaque règle R^i est attribuée un poids noté $w_i(z_j(t))$. Ce poids dépend du degré d'appartenance des variables de prémisses $z_j(t)$ aux sous-ensembles flous $F_j^i(z_j(t))$ et du connecteur « **ET** » reliant les prémisses choisies telles que :

$$w_i(z_j(t)) = \prod_{j=1}^{p} F_j^i(z_j(t)) \qquad (1.6)$$

pour i=1,...,r

représente la valeur de la fonction d'appartenance $z_j(t)$ à l'ensemble flou $F_j^i(z_j(t))$.
On a alors les propriétés suivantes :

$$\sum_{i=1}^{r} w_i(z(t)) > 0 \qquad (1.7)$$

$$w_i(z_j(t)) \geq 0, \forall t$$

On pose :

$$h_i(z(t)) = w_i(z_j(t)) / \sum_{i=1}^{r} w_i(z(t)) \qquad (1.8)$$

$h(z(t))$ représente la fonction d'activation de la $i^{ème}$ règle du modèle flou. Pour $i = 1,..., r$, ces fonctions vérifient la propriété d'une somme convexe, c'est-à-dire

$$\sum_{i=1}^{r} h(z(t)) = 1 \qquad \text{et} \qquad h_i(z(t)) \geq 0$$

En fin, la défuzzification du modèle flou permet d'obtenir la représentation d'état d'un modèle *non linéaire* par l'interconnexion de modèles locaux invariants dans le temps par des fonctions d'activation non linéaires. On obtient alors :

$$\begin{cases} \dot{x}(t) = \sum_{i=1}^{r} h(z(t))((A_i x(t) + B_i u(t)) \\ y(t) = \sum_{i=1}^{r} h(z(t))(C_i x(t) + D_i u(t) \end{cases} \qquad (1.9)$$

De la même façon, pour un modèle flou discrétisé (MFD) on a:

$$\begin{cases} x(k+1) = \sum_{i=1}^{r} h(z(k))((A_i x(k) + B_i u(k)) \\ y_i(k) = \sum_{i=1}^{r} h(z(k))(C_i x(k) + D_i u(k) \end{cases} \qquad (1.10)$$

Dans la modélisation par modèles Takagi-Sugeno, les termes : variables de prémisses, fonctions d'appartenance ou d'activation, zones de fonctionnement (sous espaces) et règles floues sont définies comme suit :

- **Variables de prémisses** : notées $z(t) \in R_j$. Grandeurs connues et accessibles permettent l'évaluation des fonctions d'appartenance. Elles dépendent éventuellement des variables d'état mesurables et/ou de la commande.
- **Fonctions d'appartenance** : notées $h_i(z_j(t))$: $R \rightarrow R_j$ ce sont des fonctions non linéaires dépendant des variables de prémisses associées aux différentes zones de fonctionnement. Elles permettent de traduire la contribution d'un modèle local LTI correspondant à un point de fonctionnement par rapport à la zone de fonctionnement du système. Ainsi, elles assurent le passage progressif d'un modèle local LTI aux modèles locaux voisins.
- **Les zones de fonctionnement** : représentées par des domaines ℓ_i obtenus via la décomposition de l'espace de fonctionnement du système ℓ, avec $\ell = \cup_i \ell_i$.
- **Règles floues** : dénombrées par $r \in N$ dans la représentation d'état d'un modèle flou T-S. Elles correspondent au nombre de modèles locaux LTI.

La figure (1.1) montre le schéma détaillé d'un modèle T-S standard. Notons que les modèles flous de type Takagi-Sugeno permettent de diminuer la complexité d'un problème *non linéaire* à traiter (stabilité, stabilisation, observation, diagnostic,...etc.) *en le décomposant en un ensemble de problèmes linéaires locaux.*
L'ensemble des solutions locales correspondant à ces derniers constitue alors la solution globale du problème non linéaire initial.

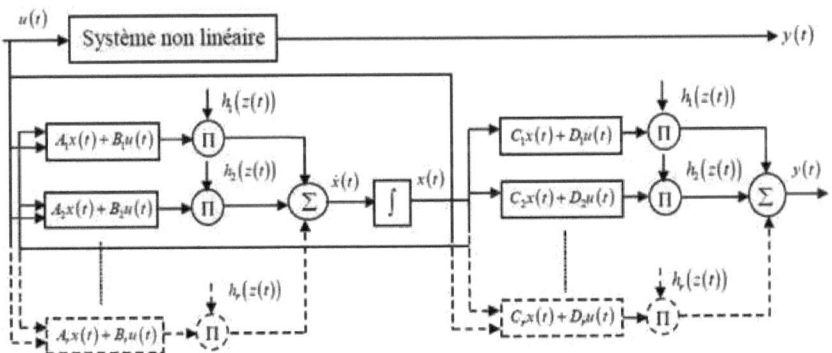

Fig. 1.1 Structure et implémentation d'un modèle T.S. Standard

1.4 Approches pour obtenir des modèles flous de type Takagi-Sugeno

Il existe trois approches permettant le passage d'un modèle non linéaire affine en la commande à un modèle T-S. Ces approches visent à représenter les systèmes *non linéaires* complexes sur un large domaine de fonctionnement.

- *approche par identification* : les mesures acquises sur les entrées et les sorties du système permettent l'identification des paramètres des modèles locaux autour des différents points de fonctionnement préalablement définis. Dans ce cas, le problème d'identification du modèle non linéaire se réduit à l'identification des modèles locaux (sous-modèles) LTI. Notons que, cette méthode est souvent utilisée dans le cas des systèmes dotés d'une dynamique difficile à décrire à l'aide d'un modèle analytique.

- *approche par linéarisation* : le principe de cette méthode consiste à linéariser le système non linéaire autour d'un ensemble fini de points de fonctionnement judicieusement choisis, conduisant à un nombre défini de modèles LTI. L'obtention d'un représentant T-S dans ce cas, est réalisé par l'interconnexion de ces modèles LTI à l'aide des fonctions d'appartenance non linéaires judicieusement choisies (gaussiennes, triangulaires, trapézoïdales,…etc.). **[Tanaka et Wang 2001]**.

- *approche par secteur non linéaire* : est basée sur une transformation polytopique convexe des termes non linéaires d'un système dynamique.**[Tanaka et Wang, 2001]** Autrement dit, elle consiste à trouver un secteur tel que :

$$a1.x \leq f(x(t), u(t)) \leq a2.x$$

avec

$$\dot{x}(t) = f(x(t), u(t))$$

représente un système non linéaire.

L'approche par secteur non linéaire garantit la construction d'un modèle T-S représentant exactement un modèle non linéaire sur un espace compact des variables d'état. Elle présente des avantages du point de vue précision et connaissance des fonctions d'appartenance assurant l'interconnexion des modèles locaux LTI.

En plus elle permet, d'une part, de minimiser l'erreur lors du passage du modèle analytique non linéaire au modèle T-S, d'autre part d'optimiser le nombre de modèles locaux.
En général, il est difficile de trouver un secteur global pour un système non linéaire quelconque, dans ce cas, il est nécessaire de considérer un secteur non linéaire local.

Les figures 1.2 et 1.3 représentent respectivement les secteurs non linéaires global et local.

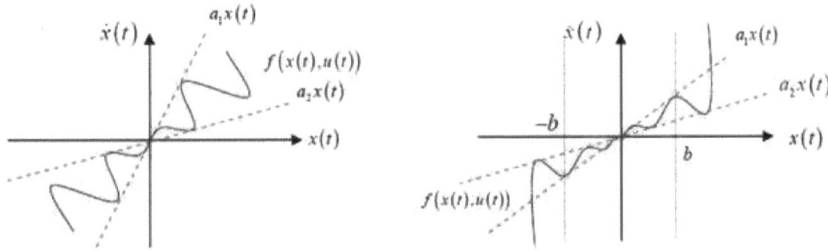

Fig.1.2 secteur non linéaire global   Fig. 1.3 secteur linéaire local

Il est à noter que l'approche par secteur non linéaire qui se repose sur le lemme qui suit permet d'associer une infinité de modèles T-S pour un système non linéaire suivant le découpage des non-linéarités réalisé.

Lemme :

Soit $f(x(t)):\mathbb{R} \to \mathbb{R}$ *une fonction bornée, il existe toujours deux fonctions* $w_1(x(t))$ *et* $w_2(x(t))$ *ainsi que, deux scalaires* α *et* β *tels que :*

avec :
$$f(x(t)) = \alpha \times w_1(x(t)) + \beta \times w_2(x(t))$$

$$w_1(x(t)) + w_2(x(t)) = 1,\ w_1(x(t)) \geq 0\ et\ w_2(x(t)) \geq 0.$$

Remarque: On considère le système non linéaire $\dot{x}(t) = f(x(t))$, avec $f(0) = 0$. Selon les propriétés des termes non linéaires rencontrés dans le modèle mathématique non linéaire, nous distinguons deux types de représentant T-S, en effet :

• *Si toutes les non-linéarités du système sont **continues** et **bornées** sur R^n, alors le modèle T-S représente d'une manière exacte le système non linéaire sur l'intégralité de l'espace des variables d'état R^n.*
• *Si toutes les non-linéarités du système sont uniquement **continues**, alors le modèle T-S représente de façon exacte le système non linéaire sur un sous-espace compact de l'espace des variables d'état R^n.*

Exemple1

Soit le système non linéaire autonome donné par :
$$\dot{x}(t) = x(t)\cos(x(t))$$
Notons que $f(x(t)) = \cos(x(t))$ est continu et borné par $[-1\ \ 1]$, d'après le lemme, on peut écrire :

$$\cos(x(t)) = \underbrace{\frac{\cos(x(t))+1}{2}}_{h_1(x(t))}X(+1) + \underbrace{\frac{1-\cos(x(t))}{2}}_{h_2(x(t))}X(-1)$$

D'où un représentant T-S comportant deux règles floues données par :

Si $x(t)$ est $F_1^1(h_1 x(t))$ alors $\dot{x}(t) = +x(t)$
Si $x(t)$ est $F_1^2(h_1 x(t))$ alors $\dot{x}(t) = -x(t)$

Ainsi le modèle T-S est donné sous sa forme compacte par :
$\dot{x}(t) = \sum_{i=1}^{2} h_i(x(t)) a_i x(t)$
où $a_1 = 1$ et $a_2 = -1$.

Remarque: *Les modèles T-S obtenus via une transformation polytopique convexe dépendent directement du nombre des non-linéarités à découper. Ainsi, lorsque l'on a nl termes non linéaires, alors le modèle T-S est constitué de 2^{nl} règles floues.*

Exemple 2

Soit le système non linéaire autonome donné par :

$$\begin{pmatrix} \dot{x}_1(t) \\ \dot{x}_2(t) \end{pmatrix} = \begin{pmatrix} -x_1(t) + x_1(t)x_2^3(t) \\ -x_2(t) + (3 + x_2(t))x_1^3(t) \end{pmatrix}$$

Pour simplifier la suite posons

$x_1(t) \in [-1,1]$ $x_2(t) \in [-1,1]$

On va construire un modèle floue, par la suite on peut écrire l'équation sous la forme

$$\dot{x}(t) = \begin{bmatrix} -1 & x_1(t)x_2^2(t) \\ (3 + x_2(t))x_1^2(t) & -1 \end{bmatrix} x(t)$$

Avec $x(t) = [x_1(t)\ x_2(t)]^T$

Et posons

$z_1(t) = x_1(t)x_2^2(t)$ et $z_2(t) = (3+x_2(t))x_1^2(t)$ sont des termes non linéaires

et nous aurons :

$$\dot{x}(t) = \begin{bmatrix} -1 & Z1(t) \\ Z2(t) & -1 \end{bmatrix} \cdot x(t)$$

Puis on calcule le minimum et le maximum des valeurs de $z_1(t)$ et $z_2(t)$ en tenant compte de

$x_1(t) \in [-1,1]$ $x_2(t) \in [-1,1]$

$max\ z1(t) = 1$ $min\ z_1(t) = -1$
$max\ z2(t) = 4$ $min\ z2(t) = 0$

$z_1(t) = x_1(t)x_2^2(t) = M_1(z_1(t)) \cdot (1) + M_2(z_1(t)) \cdot (-1)$
et
$z_2(t) = (3+x_2(t))x_1^2(t) = N_1(z_2(t)) \cdot 4 + N_2(z_2(t)) \cdot 0$

avec
$M_1(z_1(t)) + M_2(z_1(t)) = 1$
$N_1(z_2(t)) + N_2(z_2(t)) = 1$

D'où
$M_1(z_1(t)) = (z_1(t) + 1)/2$ $M_2(z_1(t)) = (1 - z_1(t))/2$
$N_1(z_2(t)) = z_2(t)/4$ $N_2(z_2(t)) = (4 - z_2(t))/4$

Notons les fonctions suivante positive, négative, grand, petit correspondent aux valeurs max et min de $z_1(t)$ et $z_2(t)$

D'où le modèle floue S.T. Correspondant :

Modèle 1
Si $z_1(t)$ est « positif » et $z_2(t)$ est « grand »
Alors $\dot{x}(t)=A_1 . x(t)$

Modèle 2
Si $z_1(t)$ est « positif » et $z_2(t)$ est « petit »
Alors $\dot{x}(t)=A_2 . x(t)$

Modèle 3
Si $z_1(t)$ est « négatif » et $z_2(t)$ est « grand »
Alors $\dot{x}(t)=A_3 . x(t)$

Modèle 4
Si $z_1(t)$ est « positif » et $z_2(t)$ est « petit »
Alors $\dot{x}(t)=A_4 . x(t)$

$A_1 = \begin{bmatrix} -1 & 1 \\ 4 & -1 \end{bmatrix} A_2 = \begin{bmatrix} -1 & 1 \\ 0 & -1 \end{bmatrix} A_3 = \begin{bmatrix} -1 & -1 \\ 4 & -1 \end{bmatrix} A_4 = \begin{bmatrix} -1 & -1 \\ 0 & -1 \end{bmatrix}$

$\dot{x}(t) = \sum_{i=1}^{4} h_i(x(t)) A_i x(t)$

Et

$\begin{cases} h_1(z(t)) = M_1(z_1(t)) \times N_1(z_2(t)) \\ h_2(z(t)) = M_1(z_1(t)) \times N_2(z_2(t)) \\ h_3(z(t)) = M_2(z_1(t)) \times N_1(z_2(t)) \\ h_4(z(t)) = M_2(z_1(t)) \times N_2(z_2(t)) \end{cases}$

ce modèle représente exactement le système non linéaire dans la région $x_1(t) \in [-1,1]$ $x_2(t) \in [-1,1]$

1.5 Stabilité et stabilisation des modèles T-S standards

L'étude de la stabilité et de la synthèse des contrôleurs flous pour les modèles T-S standards (MTSS) sont généralement basées sur la théorie de Lyapunov. Le principe de cette dernière est inspiré d'une réalité physique. *En effet, si l'énergie d'un système est continûment dissipée, au final le système va atteindre un point d'équilibre.*

1.5.1. Stabilité des modèles T-S

La stabilité d'un MTSS autonome permet de conclure si sa dynamique est intrinsèquement stable lorsqu'il n'est soumis à aucune excitation externe ($u\left(t\right)=0$). Les conditions de stabilités sont données sous forme d'Inégalités Matricielles Linéaires (LMI)

Le résultat suivant traite de la stabilité des MTSS décrits en temps continu :

Théorème :

Le MTSS continu autonome ($u\left(t\right)=0$) est asymptotiquement stable s'il existe une matrice $P = P^T > 0$, telles que les LMI suivantes sont vérifiées pour $i = 1,...,r$:

$A_i^T P + P A_i < 0$ (cas continu)

$A_i^T P A_i - P < 0$ (cas discret)

1.5.2. Stabilisation par retour d'état des modèles T-S standards

Afin d'assurer la stabilité d'un MTSS en boucle fermée, on réalise la synthèse d'une loi de commande adéquate. Plusieurs lois de commande floues ont été proposées dans la littérature. Les plus répandues se basent sur des lois de commande de type compensation parallèle distribuée (PDC, *Parallel Distributed Compensation*)
Notons, par ailleurs que, suivant la classe des modèles T-S considérés, des variantes de ce type de loi de commande ont été également proposées dans la littérature, par exemple la PDC proportionnelle (PPDC) ou encore la loi de commande de type compensation et division pour modèles flous

1.5.3. Stabilisation par retour de sortie

Plusieurs approches traitant la commande par retour de sortie, dans ce cadre, sont possibles :
- **Retour de sortie à base d'observateur**: un observateur permettant l'estimation du vecteur d'état sur la base des mesures des signaux d'entrée et de sortie, une loi de commande statique par retour d'état estimé permet alors la stabilisation d'un système dynamique. Notons que ce type de commande par retour de sortie pose certains problèmes tels que la mise sous forme LMI du problème de synthèse de l'observateur et des gains de commande
- **Retour de sortie dynamique**: ce type de contrôleurs permet d'améliorer les performances en boucle fermée d'un système dynamique et est souvent utilisé dans le cadre de la commande robuste par le biais de transformations linéaires fractionnelles (LFT). L'écriture de la boucle fermée pour le retour de sortie dynamique est généralement basée sur l'utilisation du produit de Redheffer. Notons que celui-ci entraîne l'apparition de nombreux termes croisées (couplage entrées-sorties) et conduit donc à des conditions de stabilisation LMI assez conservatives.
- **Retour de sortie statique**: ce type de lois de commande par retour de sortie s'avère particulièrement intéressant dans le cadre d'applications nécessitant un faible coût de calcul puisque, à l'instar des lois de commande à base d'observateurs ou par retour de sortie dynamique, elles ne nécessitent pas la résolution d'équations différentielles en ligne.

1.6 Conclusion

Dans ce chapitre, nous avons donné des exemples de la construction des modèles flous avec des approches qui visent à représenter les systèmes non linéaires complexes sur un large domaine de fonctionnement.

La méthode approche par secteur non linéaire garantit la construction d'un modèle T-S représentant exactement un modèle non linéaire sur un espace compact des variables d'état. Elle présente des avantages du point de vue précision et connaissance des fonctions d'appartenance assurant l'interconnexion des modèles locaux LTI.

La stabilité des modèles T-S est souvent étudiée à partir de fonctions de Lyapunov quadratiques en recherchant une matrice unique stabilisant simultanément chacun des modèles locaux, ce qui est souvent très conservatif.

Chapitre 2

Sommaire Chapitre 2

2.1 Introduction

2.2 Asservissement visuel

2.3 Classification des asservissements visuels

    2.3.1 Asservissement visuel 3D

    2.3.2 Asservissement visuel 2D

    2.3.5 Asservissement visuel $2D_{1/2}$

    2.3.6 Asservissement visuel d2D/dt

    2.3.5 Mouvement de la caméra et variation des informations visuelles

2.4 La mesure visuelle

    2.4.1 Position du capteur

    2.4.2 Mesure 3D

    2.4.3 Mesure 2D

    2.4.4 Mesure hybride 2D1/2

2.5 Génération de trajectoire

2.6 Conclusion

Asservissement visuel

2.1. Introduction

La problématique de la navigation et de pilotage de robot, longtemps cantonnée au domaine de la robotique de manipulation, s'ouvre aujourd'hui vers de nombreux autres champs d'application, tels que : les véhicules, les drones aériens, les engins sous-marins, la chirurgie, etc. Dans tous les cas, il s'agit de faire évoluer des systèmes de façon sûre dans des milieux imparfaitement connus en contrôlant les interactions entre le robot et son environnement.

Ces interactions peuvent prendre différents aspects : actions de la part du système robotique (se positionner par rapport à un objet, manœuvrer pour se garer, etc.), réactions vis-à-vis d'événements provenant du monde qui l'entoure (éviter des obstacles, poursuivre une cible mobile, etc.). Le degré d'autonomie du robot réside alors dans sa capacité à prendre en compte ces interactions à tous les niveaux de la tâche robotique. En premier lieu, lors de la planification, cela se fera par l'acquisition, la modélisation et la manipulation des connaissances sur l'environnement et sur l'objectif à réaliser. Ensuite, durant l'exécution, il s'agira d'exploiter les données perceptuelles pour adapter au mieux le comportement du système aux conditions de la mission qu'il doit réaliser. Ainsi, classiquement, une tâche de navigation se décompose en plusieurs phases :

- *Perception* : selon l'objectif fixé et les difficultés rencontrées, le système de navigation acquiert les informations nécessaires pour l'accomplissement de la tâche

- *Modélisation* : le robot procède à l'analyse de ces données perceptuelles afin de produire une représentation interprétable de l'environnement

- *Localisation* : pour décider des déplacements, le robot doit déterminer sa situation par rapport au modèle produit

- *Planification* : le robot décide de l'itinéraire, puis détermine la trajectoire ou les mouvements nécessaires, ainsi que les conditions de leur réalisation

- *Action* : le robot doit s'asservir sur les déplacements décidés pour l'accomplissement de sa mission.

Dans ce chapitre nous nous intéressons à l'asservissement visuel qui se positionne dans l'intersection des domaines de la robotique, de l'automatique et de la vision par ordinateur. L'asservissement visuel utilise les informations fournies par une caméra pour contrôler les mouvements d'un système dynamique. Ce système peut être réel dans le cadre de la robotique, ou bien virtuel pour l'animation d'entités artificielles ou la réalité augmentée.

2.2 Asservissement visuel

L'asservissement visuel est classiquement basé sur la seule régulation à zéro de l'erreur entre ce que le robot voit réellement et ce qu'il doit voir lorsque la tâche est parfaitement réalisée. **[Jacques Ganglo]**
Les techniques d'asservissement visuel exploitent des données perceptuelles de nature 2D ou 3D provenant d'une image. Ces informations sont alors exploitées dans la boucle de commande pour guider le robot dans l'accomplissement de sa mission.

2.3 Classification des asservissements visuels :

Les asservissements visuels peuvent être classifiés selon 3 critères:

– Positionnement de la caméra:

- Déportée (« eye to hand »),
- Embarquée (« eye in hand »),

– Grandeurs asservies:

- Consigne et mesure exprimées dans l'espace cartésien (Asservissement visuel 3D : AV3D)
- Consigne et mesure exprimées dans l'espace image (Asservissement visuel 2D : AV2D)
- Consigne et mesure hybride (Asservissement visuel $2D_{1/2}$: $AV2D_{1/2}$
- Consigne et mesure du champ de vitesse (Asservissement visuel 2D/dt : AV2D/dt

– Type de commande appliquée:
- Direct,
- Indirect.

2.3.1 Asservissement visuel 3D

L'asservissement visuel 3D utilise en entrée de la boucle de commande des informations tridimensionnelles, à savoir la situation r de la caméra, par rapport à l'objet d'intérêt. La tâche à réaliser s'exprime alors sous la forme d'une situation de référence r à atteindre (fig. 2.1). La commande repose ainsi sur la détermination de la situation r de la caméra, à partir des informations visuelles extraites de l'image.

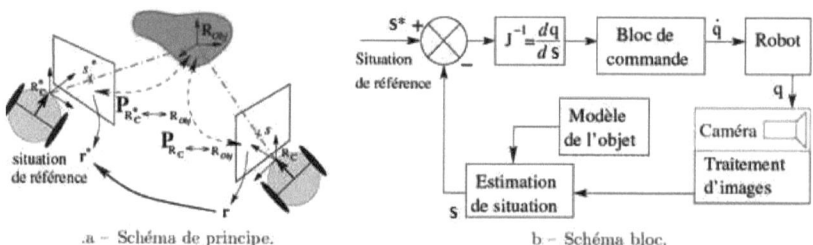

.a – Schéma de principe.   b – Schéma bloc.

Fig. 2.1 Schéma d'asservissement visuel 3D

De nombreuses méthodes permettent d'estimer la situation d'une caméra par rapport à un objet à partir de l'image perçue de cet objet. Elles reposent très généralement sur la connaissance a priori d'un modèle (3D ou 2D) de l'objet et des paramètres intrinsèques de la caméra. Ces méthodes utilisent des informations visuelles de différente nature, telles que des points, des droites…

Les issus des recherches en reconstruction 3D par vision dynamique, permettent d'estimer le modèle de l'objet d'intérêt, ou de localiser la caméra à partir de mesures de mouvement 2D ou 3D, élargissant ainsi les tâches considérées.

L'asservissement visuel 3D s'exprimant directement dans l'espace des configurations permet la définition de lois de commande extrêmement simples pour aller itérativement d'une situation à une autre.

Le principal avantage de l'asservissement visuel 3D est de permettre la définition de loi de commande minimisant une distance géodésique dans SE(3).

L'inconvénient qui en résulte est qu'aucun contrôle n'est effectué dans l'espace image. Ce qui implique que l'objet peut sortir du champ de vue de la caméra. De plus, cette approche requiert un model pour caractériser la situation du robot, et nécessite donc une reconstruction de l'état du système. On y retrouve alors les mêmes problèmes d'incertitude et de précision des schémas de commande des robots mobiles classiques.

2.3.2 Asservissement visuel 2D

Les techniques d'asservissement visuel 2D utilisent directement les informations visuelles, notées S, extraites de l'image (voir figure 2.2). La tâche à réaliser est alors spécifiée directement dans l'image en termes d'indices visuels de référence S^* à atteindre. La loi de commande consiste alors à contrôler le mouvement de la caméra de manière à annuler l'erreur entre les informations visuelles courantes $S(t)$ et le motif désiré S^* (fig 2.2.b). Cette approche permet donc de s'affranchir de l'étape de reconstruction 3D de la cible et des problèmes qui y sont liés.

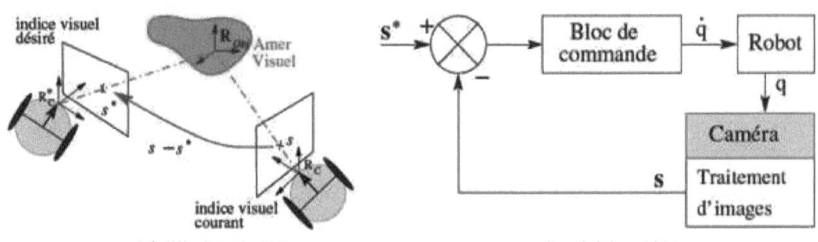

a – Schéma de principe.   b – Schéma bloc.

Fig. 2.2 Schéma d'asservissement visuel 2D

Le choix des informations visuelles et l'obtention de la relation les liants au mouvement de la caméra sont deux aspects fondamentaux de l'asservissement visuel 2D. Cette relation, obtenue par dérivation de l'information sensorielle s par rapport à la situation de la caméra, est définie par une matrice appelée Jacobéenne de l'image ou *matrice d'interaction*.
La synthèse de la commande repose sur l'élaboration d'une méthode de calcul explicite de cette matrice souvent associée à des primitives géométriques simples, telles que des points, des droites, des cercles, des ellipses, ou encore des moments de l'image. Dans ce contexte, les lois de commande synthétisées dépendent de la nature des informations visuelles choisies.
La seule information tridimensionnelle contenue dans ce Jacobien image est la profondeur Z. D'autre part, nous constatons que Z n'intervient que sur les termes de translation du torseur cinématique.
Par conséquent, la tâche robotique à réaliser est elle aussi dépendante de l'objet observé par la présence ou non d'informations visuelles dont on est capable de calculer la matrice d'interaction associée ?

Les asservissements visuels 2D sont, d'une manière générale, des lois de commandes relativement rapides à calculer, puisqu'il n'y a pas de phase de reconstruction 3D. Ce gain de temps n'est pas négligeable puisque le délai d'application de la commande est réduit, ce qui contribue à la stabilité du système. De plus, les asservissements basés sur l'image permettent la réalisation de tâches de manière très efficace et précise. C'est ainsi que ce type de commande se rencontre de plus en plus dans différents domaines d'application.

Le principal avantage de l'asservissement visuel 2D est, contrairement au 3D, il n'y a pas de calcul de la pose de la caméra. Il possède donc une bonne robustesse aux erreurs de calibration.

Dans la mesure où tout se passe dans l'image, l'inconvénient qui est en découle est que l'on n'a pas toujours un bon comportement dans le 3D.

2.3.3 Asservissement visuel 2D$_{1/2}$

L'asservissement visuel 2D$_{1/2}$ exploite des informations à la fois de nature 2D et 3D. Cette technique est *basée sur l'estimation de l'homographie*, notée **H**, qui relie l'image d'au moins trois points entre différents plans projectifs (fig 2.3). L'homographie est une application projective, correspondant à une transformation linéaire entre deux plans projectifs. Plus précisément, elle permet d'établir (à un facteur d'échelle α près) une bijection entre un objet de l'espace 3D et une image 2D, ou bien entre deux images 2D d'un même objet. Dans ce dernier cas, elle permet de lier les projections d'un ensemble de points 3D P$_i$, appartenant à un même plan, sur deux plans image π_1 et π_2 par la relation :

$$P_i/_{\pi 2} = \alpha\, HP_i/_{\pi 1} \qquad \alpha \in R^*$$

où pi/$_{\pi 1}$ et pi/$_{\pi 2}$ représentent respectivement la projection des points Pi sur les plans π_1 et π_2. Dans le cas d'un objet plan, un minimum de quatre points appariés sur les images courante et désirée permet l'estimation de l'homographie par la résolution d'un système linéaire. Dans le cas d'un objet quelconque, un appariement de huit points est nécessaire.

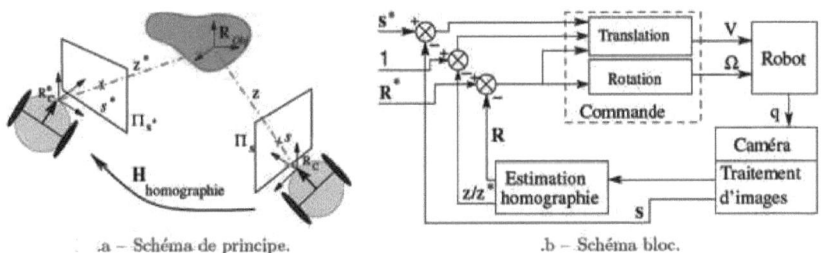

Fig. 2.3 Schéma d'asservissement visuel 2D$_{1/2}$

Ainsi, l'asservissement visuel 2D$_{1/2}$ repose sur la détermination de l'homographie **H** entre l'image courante et l'image désirée. En effet, à partir de cette homographie il est possible de calculer le déplacement en rotation R que la caméra doit effectuer pour atteindre la situation spécifiée, ainsi que la direction de son déplacement en translation. Cette matrice **H** fournit également le rapport **Z/Z*** entre les distances courante et désirée de la caméra à l'objet (fig 2.3.a). Comme la translation à réaliser n'est connue qu'à un facteur d'échelle près, un asservissement visuel purement 3D est impossible.
Cependant, il est possible d'aboutir à une solution grâce à la combinaison des informations 2D (fournies par l'image) et 3D disponibles. Le vecteur des informations visuelles **S** est donc défini sur la base de données 2D et 3D. Ainsi, l'asservissement visuel 2D$_{1/2}$ est une approche intermédiaire entre l'asservissement 3D et 2D. La boucle d'asservissement ainsi synthétisée permet de séparer la rotation et la translation de la caméra, et d'obtenir un fort découplage de la loi de commande (fig 2.3.b).

2.3.4 Asservissement visuel d2D/dt

A l'opposé des techniques proposées précédemment, l'asservissement visuel 2D/dt puise son originalité dans l'illustration non pas l'information géométrique pour la régulation à zéro entre les positions courantes et désirées mais plus tôt d'un champ de vitesse. Le principe de la commande repose alors sur le contrôle des mouvements de la caméra de telle sorte que le mouvement 2D mesuré atteigne un champ de vitesse désiré, d'où l'appellation de l'asservissement visuel 2D/dt.

2.4. Mouvement de la caméra et variation des informations visuelles

Considérons un objet O rigide et fixe de la scène. Ce solide se projette sur le plan image de la caméra en une région R (Fig 2.4) à laquelle est associée un ensemble de primitives visuelles $S(r, t)$, et un vecteur $S(r, t)$ décrivant leur profondeur. Comme nous l'avons préalablement introduit, la variation des informations visuelles s'est liée à la cinématique de la caméra

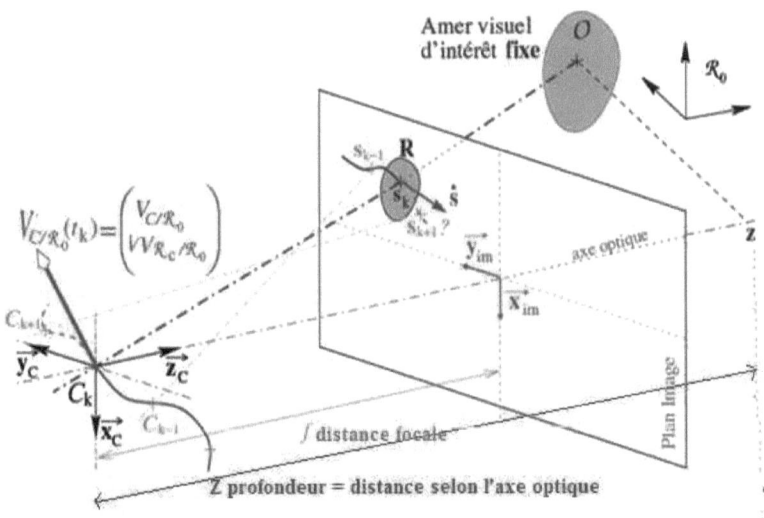

Fig. 2.4 projection d'un solide dans le plan image de la caméra

2.5 La mesure visuelle

2.5.1 Position du capteur

Les capteurs visuels peuvent être **déportés** (*eye to hand*), c'est à dire montés sur un support axe ou mobile et regardant à la fois le robot et l'objet d'intérêt, **ou embarqués** (*eye in hand*), c'est à dire montés sur l'organe terminal du robot et regardant l'objet d'intérêt (fig.2.5).

Le choix de la configuration dépend essentiellement de la tâche à exécuter ; par exemple:

- pour un suivi de cible, il est judicieux de placer la caméra sur le robot de manière à ce que l'image vue soit sensiblement toujours la même quelques soient les mouvements du robot et de la cible.

- Il peut être intéressant de déporter la caméra pour observer à la fois l'outil et l'objet d'intérêt. Néanmoins, cette solution, si la caméra est fixe, implique que les objets de la scène restent dans l'image, ce qui signifié que le robot doit évoluer dans une zone de travail relativement restreinte. Cette configuration se prête particulièrement bien à la robotique chirurgicale car la zone de travail y est souvent très petite.

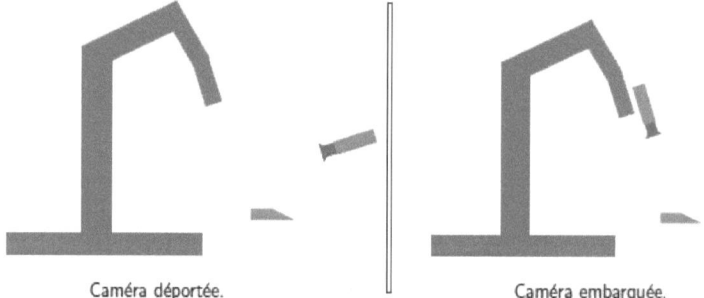

Caméra déportée.   Caméra embarquée.

Fig. 2.5 configuration de la caméra

La plupart des applications utilisent la configuration où la caméra est embarquée. Il y a des stratégies sur le placement des capteurs visuels (se référer aux travaux de Brad Nelson).

2.5.2 Mesure 3D

La mesure 3D, implique reconstruction 3D, c'est à dire une estimation, à partir des primitives visuelles de la scène, de la position relative entre la caméra et un ou plusieurs objets de la scène. **[Jacques Ganglo]**

La situation mono-caméra est la plus courante. Elle nécessite, pour la reconstruction une connaissance de la géométrie de la scène (dimensions, modèle CAO des objets).

Lorsqu'on dispose d'une tête stéréo, voire de plus de 2 caméras, il est possible de faire la reconstruction sans connaissance a priori de la géométrie de la scène.

L'approche 3D est la plus intuitive et c'est sans doute pour cela qu'elle a été implémentée en premier, à cette époque, la période de l'asservissement visuel était de l'ordre de la dizaine de secondes. Ce n'était d'ailleurs pas vraiment un asservissement mais plutôt une commande séquentielle de type *<look then move>*.

Des marqueurs lumineux ont été utilisés pour faciliter le processus de reconstruction 3D. Il existe une vaste littérature traitant des méthodes de reconstruction 3D. Les primitives utilisées sont souvent des points ou des segments.

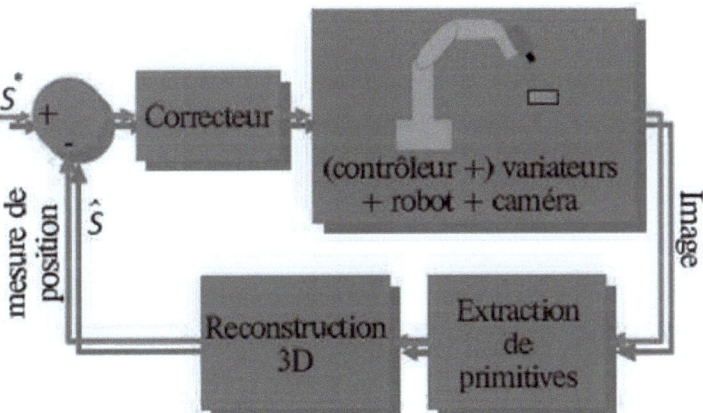

Fig. 2.6 Schéma bloc d'AV3D basé sur la mesure 3D

La figure 2.6 décrit le schéma de principe d'un asservissement visuel basé sur une mesure 3D. La consigne S^* est un vecteur donnant les coordonnées d'attitude désirées de l'objet par rapport à la caméra. Cette consigne est comparée à la mesure S issue d'un algorithme de reconstruction 3D. Le correcteur fournit au robot les commandes adéquates pour que S converge vers S^*.

La mesure S peut être exprimée dans n'importe quel repère. De plus, on peut choisir pour la représentation de la rotation n'importe quelle décomposition (angles d'Euler, roulis tangage lacet, angle/axe, ...).

On peut vérifier que certains choix sont plus judicieux que d'autres.

Par exemple, en exprimant la position de la cible dans le repère courant de la caméra et non dans un repère lié à l'environnement, on évite d'introduire dans le calcul de $\hat{S}$ le modèle géométrique du robot et donc le bruit de quantification dû aux codeurs incrémentaux. De plus, en faisant ce choix, on garantit une trajectoire rectiligne de l'origine du repère lié à la cible dans l'image de la caméra lorsqu'on utilise une commande cinématique.

Pour la décomposition de la rotation, on préférera une représentation qui ne soit pas singulière dans la zone de travail. La décomposition angle/axe est souvent choisie car sa seule singularité est pour une rotation de 2π.

2.5.3 Mesure 2D

Le premier à avoir introduit la notion d'asservissement visuel 2D (image-based visual servoing) fut Weiss **[Weiss84]**. L'idée est de réaliser un asservissement dont la grandeur asservie n'est pas une position, comme en 3D, mais directement des grandeurs issues de l'image comme l'indique la figure 2.7. Le but est de faire converger les primitives S de l'image mesurée vers les primitives S^* désirées.

La consigne S^* est donc spécifiée en termes d'image et non en termes de position. Le plus souvent S est initialisé lors d'une phase d'apprentissage : on ramène le manipulateur à la position désirée par rapport à la cible et on mémorise dans S les coordonnées des primitives à cet endroit. Pour qu'il y ait unicité de la position de la caméra par rapport à la cible pour une image donnée, il est nécessaire d'utiliser au moins 4 points.

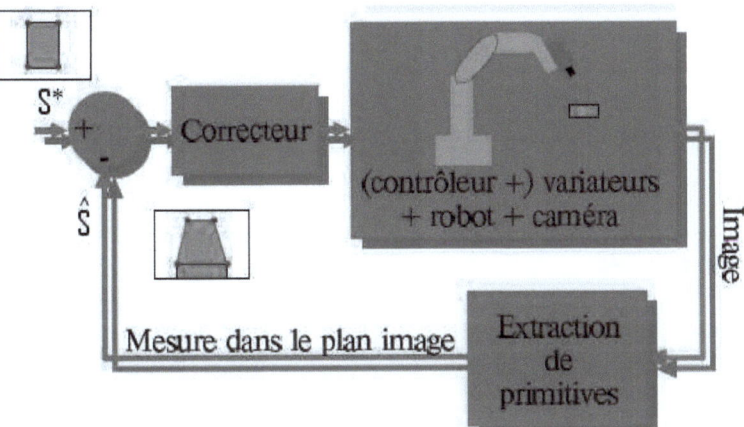

Fig. 2.7 Schéma bloc d'AV2D basé sur la mesure 2D

L'élément clé de l'asservissement visuel 2D est le Jacobien image. Le formalisme de la fonction de tâche le désigne sous le nom de matrice d'interaction.

Dans le cas général, il s'agit de *l'interaction entre le mouvement relatif de la caméra par rapport à la scène représenté par un torseur cinématique V et la variation des mesures représentées par un vecteur des vitesses des mesures S*. Dans ce cas précis, les mesures sont les coordonnées S des primitives ponctuelles dans l'image, donc $\dot{S}$.

On a alors :

$$\dot{S} = L_s^z \cdot V \qquad (2.1)$$

Avec L_s^z est la matrice d'interaction
Pour un point de coordonnées *(x ,y)*, cette matrice est donnée par [**Jacques Ganglo**] [**Chaumette02**] :

$$L_{(x,y)}^z = -f/Z \qquad (2.2)$$

$$L_s^z = \begin{bmatrix} -f/z & 0 & x/z & xy/f & -(f^2+x^2)/f & y \\ 0 & -f/z & y/z & (f^2+x^2) & -xy/f & -x \end{bmatrix} \qquad (2.3)$$

Z : est la profondeur du point considéré le long de l'axe optique de la caméra et *f* est la longueur focale (fig.2.4).

On a donc :

$$(\dot{x}, \dot{y})^T = L_{(x,y)}^z \cdot V \qquad (2.4)$$

V : est le torseur cinématique du repère associé à la caméra exprimé dans ce repère.
On peut noter que la seule information tridimensionnelle contenue dans ce Jacobien image est la profondeur *Z*. D'autre part, on constat que *Z* n'intervient que sur les termes de translation du torseur cinématique.

Un grand nombre d'applications utilisent des primitives ponctuelles et donc un schéma de commande basé sur le Jacobien, mais il est possible de trouver une telle matrice pour des primitives plus complexes : des droites, des sphères, cercles et cylindres ou encore des moments.

La commande 2D sera détaillée formellement par la suite. On en donne ici une explication plus qualitative. Par exemple dans le cas de primitives ponctuelles, la différence *S** et *S* issue du comparateur donne les coordonnées de vecteurs dont l'origine est à la position courante des primitives dans l'image et dont l'extrémité pointe vers la position désirée des primitives dans l'image. Si on commande le robot de manière à ce que les vitesses dans l'image des primitives courantes soient proportionnelles à *S** et *S*, alors *S* converge vers *S** selon une loi exponentielle décroissante fonction du temps.

Pour commander le robot de cette manière, on utilise la pseudo-inverse du Jacobien image LTF qui multiplié par S^* et S donne le torseur cinématique correspondant. Ensuite, il est facile de convertir ce torseur cinématique (du repère caméra) en consignes de vitesses articulaires, grâce au Jacobien du robot.

Une telle loi de commande garantie donc une convergence exponentielle des primitives courante vers les primitives désirées. de plus, la trajectoire des primitives dans l'image s'il s'agit de points est sensiblement rectiligne.

Le principal avantage de cette commande est qu'elle nécessite que très peu d'informations : seule la profondeur Z et les paramètres de calibration de la caméra sont nécessaires et bien souvent une estimation grossière fait l'affaire **[Espiau95]**.

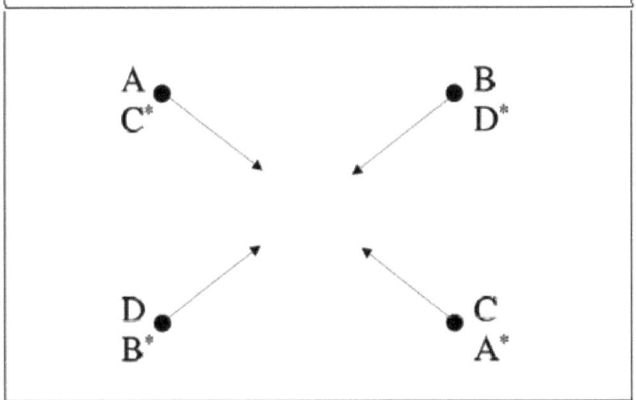

Fig. 2.8 Problème d'avance – retrait

Cette loi de commande peut également être vue comme une optimisation de Gauss-Newton (méthode de Newton approchée). Le critère à minimiser est la fonction de tâche $e = S\text{-}S^*$, la résolution du critère se fait en bougeant le robot puis en mesurant les primitives dans l'image courante et la direction de la plus grande pente du gradient est donnée par la pseudo-inverse du Jacobien image.

Le principal problème avec ces méthodes d'optimisation est la présence de minima locaux.

Plus la position de départ est éloignée de la position à atteindre, plus les risques de converger vers des minima locaux sont grands, dans un tel minimum sont grands, à cet endroit, les commandes calculées sont nulles même si la fonction de tâche e n'est pas nulle.

Un autre problème des asservissements 2D est intrinsèque à la méthode. En effet, comme on l'a vu, ce sont les trajectoires des primitives dans l'image qui sont contrôlées. Il n'y a aucune prise en compte de la trajectoire qu'effectue la caméra dans l'espace. Et il se trouve que, dans certaines configurations, celle-ci peut être particulièrement difficile à réaliser pratiquement.

Un problème connu sous le nom de Chaumette Conundrum ou <**problème d'avance/retrait**> **[Corke01, Malis04]** est illustré par la figure 2.8.

La position courante de la caméra correspond aux points *A, B, C, D* dans l'image et la position à atteindre aux points *A*, B*,C*,D**. Comme les primitives se déplacent suivant des droites dans l'image avec la commande 2D, les points vont donc se déplacer suivant les flèches. Or un tel déplacement des primitives correspond à un retrait de la caméra suivant son axe optique, en théorie jusqu'à l'infini. C'est principalement pour contourner ce genre de problème qu'on été imaginé les méthodes hybrides.

2.5.4 Mesure hybride 2D$_{1/2}$

Le problème d'avance/retraite (figure.2.8) pourrait être résolu très simplement grâce à une commande qui génère une rotation de π autour de l'axe optique de la caméra, mais pour cela, la rotation devrait être contrôlée par une méthode 3D. C'est le principe de la commande 2D1/2. Il y a séparation de la commande de la rotation de celle de la translation comme l'illustre la figure 2.9.

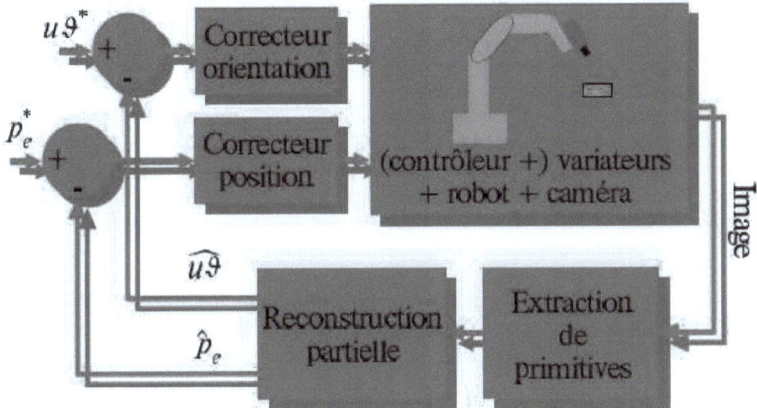

Fig. 2.9 Schéma bloc d'AV2D basé sur la mesure 2D

Une première boucle qui a pour consigne P^*_e a pour but de contrôler la trajectoire dans l'image d'un point de référence de la cible. Ce point décrira, tout comme dans la commande 2D, une droite dans l'image. Il est judicieux de choisir ce point au milieu de l'image pour maximiser les chances qu'aucun autre point de la cible ne quitte l'image au cours du déplacement. Mais il n'y a aucune garantie.

Le vecteur P^*_e est constitué de 3 coordonnées : les 2 coordonnées dans l'image du point de référence et une troisième coordonnée, *ln(Z)* qui représente le logarithme de la profondeur de ce point. On parle alors de coordonnées étendues. La référence P^*_e est comparée à la mesure P_e et fournit l'erreur de l'asservissement. On note que la troisième coordonnée de l'erreur est *ln(Z*/Z)* qui peut être estimée grâce au calcul en ligne de l'homographie entre l'image courante et l'image désirée.

Cette homographie, si elle ne fournit la translation qu'à un facteur d'échelle près, permet par contre de fournir intégralement les paramètres de la rotation entre les images courantes et désirées. Cette rotation est modélisée par un vecteur unitaire *u* et un angle *θ*. La rotation de référence, *u θ*, vaut normalement 0. Elle est comparée à la rotation courante *u θ** qui est obtenue par le calcul de l'homographie.

Avec la commande 2D$_{1/2}$, la trajectoire angulaire de la caméra est une géodésique : une rotation autour de l'axe entre l'image initiale et l'image désirée.

Le principal avantage de la commande 2D$_{1/2}$ est qu'elle ne nécessite pas de connaissance de la géométrie de la cible. La commande 2D$_{1/2}$ exhibe une matrice de commande triangulaire par bloc (ce qui indique un bon découplage des actions 2D et 3D) et toujours de plein rang sauf en de rares configurations particulières jamais rencontrées en pratique. Grâce à cette forme particulière, on a pu trouver, en fonction des incertitudes de calibration, les conditions analytiques assurant la stabilité du système.

On utilise pour les coordonnées étendues P_e, une troisième coordonnée tenant compte explicitement de la contrainte de visibilité des primitives. Cette commande vise à garantir que les primitives ne quittent pas l'image durant la trajectoire. Malheureusement, à cause de la forme plus complexe de la matrice de commande, il est plus difficile de trouver les conditions de stabilité en présence d'erreurs de calibration.

On a proposé une méthode hybride complémentaire du 2D$_{1/2}$. Il utilise la translation à un facteur d'échelle près issue de la décomposition de la matrice d'homographie entre l'image courante et l'image désirée pour contrôler la partie translation de l'asservissement. La rotation est contrôlée avec la pseudo-inverse du Jacobien image. Néanmoins, cette approche n'est pas aussi performante que le 2D1/2 notamment par rapport au problème d'avance/retrait de la figure 2.9.

Un autre type de partitionnement de la commande est proposée. Il y a séparations entre les composantes autour et le long de l'axe z du repère caméra et les composantes autour et le long des axes x et y de ce même repère :

$$\dot{S} = L^v_{(x,y)} V_{x,y} + L^v_z V_z \qquad (2.5)$$

avec $L^v_{(x,y)}$ constituée des colonnes (1; 2; 4; 5) de la matrice d'interaction de l'asservissement 2D et L^v_z constituée des colonnes (3; 6) de cette même matrice. Le même partitionnement est réalisé avec le torseur cinématique V pour obtenir $V_{x,y}$ et V_z. Les grandeurs de mesure pour la commande le long et autour des axes x et y sont classiquement les erreurs entre les coordonnées des points courants et désirées. Par contre, pour ce qui concerne le mouvement le long et autour de l'axe z c'est respectivement la surface et l'angle autour de l'axe optique des points dans l'image qui sont utilisées. Il y a découplage complet entre ces deux mouvements : une rotation de l'image ne change pas sa surface et un zoom de l'image ne change pas son orientation.

Cette commande permet de traiter parfaitement le problème de la figure 2.9 : la caméra effectue une rotation autour de son axe optique.

2.5 Génération de trajectoire

Un des problèmes de base des asservissements visuels qui a donné lieu à une riche littérature est le positionnement de l'effecteur du robot par rapport à une cible en partant d'une position initiale très éloignée de la position désirée. Les principales contraintes qu'impose la réalisation d'une telle tâche sont :

- Les primitives de la cible ne doivent pas quitter l'image.
- La trajectoire 3D de l'effecteur doit être réalisable pratiquement.
- L'erreur de positionnement théorique en fin de tâche doit tendre vers 0.

Il y a 2 approches possibles pour traiter ce problème :

- *Les asservissements aux grandes erreurs* : cela correspond aux asservissements cinématiques classiques avec gain proportionnel et convergence exponentielle de l'erreur vers 0. Dans ce cas, c'est la loi de commande qui garantit le respect des contraintes.

- *Les asservissements aux petites erreurs* : dans ce cas, l'erreur entre la position désirée et la position courante reste toujours très faible. La commande vise d'ailleurs à réduire le plus possible cette erreur avec la meilleure dynamique. La consigne, au lieu de passer brutalement de la position courante à la position désirée, décrit une trajectoire <lisse> partant de la position courante et aboutissant à la position désirée. Toute la difficulté du respect des contraintes se trouve déportée de la commande vers la génération de trajectoire.

Il existe plusieurs propositions:

- La stratégie de commande optimale qui tend à minimiser un critère basé sur l'énergie et l'accélération et l'autre méthode utilisant des potentiels.
- La borne supérieure de l'erreur de suivi de la trajectoire dans l'image en fonction des incertitudes de modélisation des paramètres de la caméra avec une stratégie de commande par modes glissants.

La génération de trajectoire (voir l'annexe 5) permet donc d'utiliser les techniques d'asservissement visuel dynamique dont on peut prouver localement la stabilité lorsque l'erreur est faible pour des tâches robotiques nécessitant un grand déplacement de l'effecteur en garantissant les contraintes de visibilité et de réalisme du mouvement 3D. Il est ainsi possible de garantir un temps de convergence fini vers la position finale. de plus, en optimisant les performances de la boucle de vision, il est possible de minimiser l'erreur de suivi tout en maximisant la vitesse de suivi de la trajectoire par des techniques de commande prédictive par exemple.

2.6 Conclusion

Dans ce chapitre, nous avons passé en revue la classification des asservissements visuels ainsi leurs avantages et inconvénients, depuis nous avons entamé le problème de la mesure visuelle pour chaque classification à savoir la mesure 2D, 3D et $2D_{1/2}$, et en fin une vue générale sur la génération de la trajectoire qui demeure un sujet très vaste et abordé par beaucoup de chercheurs

Le sujet des asservissements visuels à eu une grande révolution ces dernières années et reste un sujet très sollicité par la communauté des automaticiens, de la robotique et celle de la vision par ordinateur.

Chapitre 3

Sommaire Chapitre 3

3.1 Introduction

3.2 La commande

    3.2.1 Commande séquentielle

    3.2.2 Commande dynamique

    3.2.3 Commande cinématique

3.3 Commande cinématique 2D

3.4 Calcul de la matrice d'interaction

3.5 Application

3.6 Conclusion

Commande et stabilité

3.1 Introduction

Dans cette partie nous détaillerons de manière plus formelle comment passer de la mesure visuelle aux grandeurs de commande appliquées au robot. Nous présenterons le système non linéaire, nous étudierons la stabilité en appliquant l'approche T.S.sur une caméra embarquée sur un robot mobile holonome, et nous définissons les conditions de stabilité sous la forme d'un problème à résoudre composé de contraintes LMI. Dans les travaux de recherche autour de la commande par asservissement visuel, l'étude de stabilité est limitée sur la positivité de la matrice représentative de la boucle fermée sans donner son domaine de stabilité. A notre connaissance, aucune étude de stabilité basée sur les LMI n'a été effectuée. Dans ce travail, nous fournissons le domaine de stabilité en fonction des paramètres estimés.

3.2 La commande

3.2.1 Commande séquentielle

La commande séquentielle, aussi désignée sous le nom de <look then move>, consiste en la séquence suivante :
- La caméra observe la scène : acquisition d'une image ou d'une séquence d'images.
- Analyse de(s) image(s) : la commande génère une trajectoire à exécuter par le manipulateur.
- Le manipulateur se déplace en boucle (visuelle) ouverte suivant la trajectoire pré calculée.
- Eventuellement, le processus peut être répété jusqu'à convergence d'un critère. Cette technique est particulièrement bien adaptée aux systèmes qui sont bien modélisés.

Ce type de commande est souvent utilisée lorsqu'un objet suit une trajectoire prévisible.

3.2.2 Commande dynamique

La commande dynamique est aussi une alternative de l'approche « **Look and Move** » d'asservissement en boucle fermée (fig. 3.1), où cette fois-ci le contrôleur visuel se substitue au contrôleur interne du robot en envoyant directement les consignes en vitesses ou en couples aux variateurs des moteurs.
La conception du contrôleur visuel tient en compte d'un comportement plus réaliste de la dynamique du robot et parfois même de celui du capteur visuel et/ou des actionneurs pour améliorer les performances dynamiques du système. Ce type de commande dit « **directe** » est utilisé pour des asservissements visuels rapides

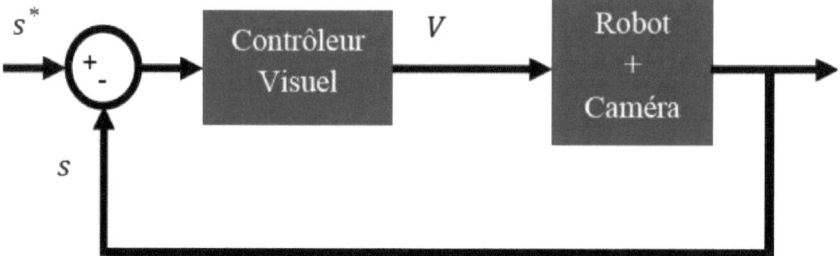

Fig. 3.1 chaine d'asservissement visuel en boucle fermé

3.2.3 Commande cinématique

La plupart des commandes vues jusque là sont des commandes cinématiques: les auteurs partent du principe que le robot peut être modélisme par un intégrateur pur. En d'autres termes, les effets dynamiques tels que les flexibilités ou les retards sont négligés.

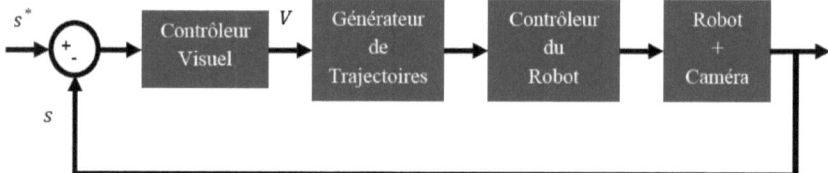

Fig. 3.2 commande d'asservissement visuel en boucle fermé

En effet, la commande est effectuée dans un asservissement en boucle fermée (fig. 3.2), où le contrôleur visuel intervient dans une boucle de haut niveau et fourni un état de consigne assurant une convergence asymptotique qui est transformé par le Générateur de Trajectoires en consignes angulaires transmises au contrôleur interne bas niveau du robot qui les réalise.

La raison en est que le but de ces commandes n'est pas la rapidité mais la robustesse : l'objectif est, en partant d'une image initiale, d'arriver à coup sûr à l'image de référence en garantissant la constante visibilité des primitives dans l'image et une trajectoire du manipulateur réalisable en pratique.

3.3 Commande cinématique 2D

Après un aperçu global sur les différents types des commandes utilisées dans les asservissements visuels, et afin de satisfaire les contraintes de sécurité et de confort de la robotique de service, nous utiliserons des lois de commandes purement cinématiques.

On s'intéresse ici aux lois de commandes 2D, qui consiste alors à contrôler le mouvement de la caméra de manière à annuler l'erreur entre les informations visuelles courantes $S(t)$ et le motif désiré S^*. Le contrôle du robot se fait directement dans l'image, et permet donc d'assurer la contrainte de visibilité.

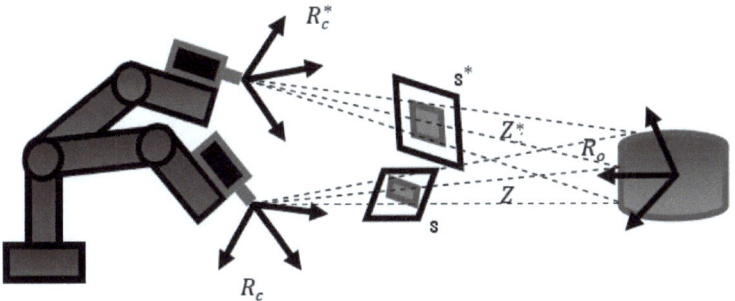

Fig. 3.3 commande cinématique

Cette approche permet donc de **s'affranchir** de l'étape de reconstruction 3D de la cible et des problèmes qui y sont liés (*la nécessité d'obtenir une bonne estimation de la pose. Cela requiert en générale d'avoir un bon modèle des capteurs et des paramètres de calibration, de pouvoir mettre en correspondance les informations... se référer à la loi de commande 3D en Annexe2*)

La synthèse de la commande repose sur l'élaboration d'une méthode de calcul explicite de cette matrice souvent associée à des primitives géométrique simples, telles que des points, des droites, des cercles, des ellipses... Dans ce contexte, les lois de commande synthétisées dépendent de la nature des informations visuelles choisies.

Les asservissements visuels 2D sont, d'une manière générale, des lois de commandes relativement rapides à calculer (*puisqu'il n'y a pas de phase de reconstruction 3D)* ce gain de temps n'est pas négligeable puisque le délai d'application de la commande est réduit, ce qui contribue à la stabilité du système. De plus, les asservissements basés sur l'image permettent la réalisation de tâches de manière efficace, précise et robuste. C'est ainsi que ce type de commande se rencontre de plus en plus dans différents travaux de recherche dans le domaine.

Le principal avantage de l'asservissement visuel 2D est, contrairement au 3D, il n'y a pas de calcul de la pose de la caméra. Il possède donc une bonne robustesse aux erreurs de mesure et de calibration.

La seule information tridimensionnelle nécessaire pour calculer la commande et la profondeur Z des points 3Dobservés. D'autre part, on constate que Z n'intervient que sur les termes de translation du torseur cinématique.

3.4 Calcul de la matrice d'interaction

L'objectif est d'atteindre une position désirée S^* en suivant une trajectoire $S^*(t)$, la position finale (désirée) est atteignable par minimisation de l'erreur e appelée aussi la fonction de tâche :

$$e = S - S^* \qquad (3.1)$$

N.B. Cette loi de commande peut également être vue comme une optimisation de Gauss-Newton (méthode de Newton approchée). Le critère à minimiser est la fonction de tâche $e = S - S^*$, la résolution du critère se fait en bougeant le robot puis en mesurant les primitives dans l'image courante et la direction de la plus grande pente du gradient est donnée par la pseudo-inverse du Jacobien image.

Le principal problème avec ces méthodes d'optimisation est la présence des minimas locaux. Plus la position de départ est éloignée de la position à atteindre, et plus les risques de converger vers des minima locaux sont grands. À ce niveau, les commandes calculées sont nulles même si la fonction de tâche e n'est pas nulle.

Sans perte de généralité, on suppose une distance focale f égale à l'unité, de telle sorte que tout point P de l'espace de coordonnées $P_c = (X_c\ Y_c\ Z_c)^T$ dans le repère de la caméra (Fig.3.4) se projette sur l'image en coordonnées homogènes ou projectives $p = (x\ y\ 1)^T$ selon :

$$P_c = p/Z \qquad (3.2)$$

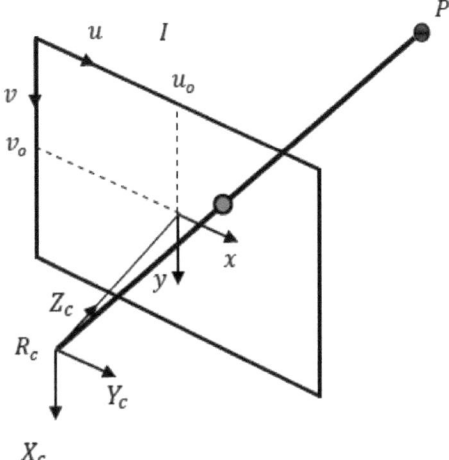

Fig.3.4 coordonnées d'un point dans le repère de la caméra

En différenciant l'équation (3.2) :

$$\begin{cases} \dot{x} = (\dot{X}_c - x\dot{Z}_c)/Z_c \\ \dot{y} = (\dot{Y}_c - y\dot{Z}_c)/Z_c \end{cases} \quad (3.4)$$

La détermination des six (6) degrés de libertés de la vitesse instantanée de commande v_c et w_c nécessite des points de référence.

En supposant que l'objet est fixe et que la caméra se déplace avec une vitesse linéaire $v\ (v_{cx}\ v_{cy}\ v_{cz})^T$ et de rotations(vitesse angulaire) $w_c\ (w_{cx}\ w_{cy}\ w_{cz})^T$ le mouvement du point P attaché à l'objet dans le repère de la caméra R_c est donné en fonction du torseur cinématique de la caméra $V = [v\ ]$ qui regroupe les trois (03) vitesses de translations et de rotations par :

$$\dot{P}_c = -v_c - w_c \wedge P_c \quad (3.5)$$

Où :

$$\begin{cases} \dot{X}_c = -v_{cx} - w_{cy}Z_c + v_{cz}Y_c \\ \dot{Y}_c = -v_{cy} - w_{cz}X_c + v_{cz}Z_c \\ \dot{Z}_c = -v_{cz} - w_{cx}Y_c + v_{cz}X_c \end{cases} \quad (3.6)$$

La matrice d'interaction L_s^z associée aux informations visuelles S fait intervenir une information 3D de profondeur Z des points dans le repère de la caméra. Celle-ci peut être estimée en ligne en utilisant une reconstruction partielle 3D de la profondeur Z ou hors ligne en l'estimant par la profondeur désirée Z^*, ce choix simplifie les calculs tout en maintenant la convergence du système.

S'il est en question d'une commande dans l'espace articulaire d'un robot il faut introduire le Jacobien du robot dans la relation de $\dot{S}$, le Jacobien permet de passer des variations de $\dot{S}$ dans l'image aux variations articulaires $\dot{q}$ du robot, ce qui donne

$$\dot{S} = L_s^z . J(q) . \dot{q} \qquad (3.7)$$

$\dot{S}$ est la dérivation de S par rapport au temps.

Cette dérivation est formulée sous une matrice qui s'appelle matrice d'interaction et elle est donnée par l'équation ci-dessous :

$$\dot{S} = (dS/dr) . (dr/dt) \qquad (3.8)$$

La combinaison des équations (3.4) et (3.5) donne la variation du déplacement de la primitive ponctuelle en fonction du torseur cinématique de la caméra V :

$$\dot{S} = L_s^z . V \qquad (3.9)$$

D'où la matrice d'interaction ou Jacobienne image L_s^z associée à la primitive ponctuelle m :

Rappelons la relation (2.3) [chapitre 2]

$$L_s^z = \begin{bmatrix} -f/zi & 0 & xi/zi & xiyi/f & -(f^2+xi^2)/f & yi \\ 0 & -f/zi & yi/zi & (f^2+xi^2) & -xiyi/f & -xi \end{bmatrix}$$

i=1......n

Et on a supposé que $f=1$ (distance focale) alors la nouvelle forme de la matrice d'interaction donne :

$$L_s^z = \begin{bmatrix} -1/zi & 0 & xi/zi & xiyi & -(1+xi^2) & yi \\ 0 & -1/zi & yi/zi & (1+xi^2) & -xiyi & -xi \end{bmatrix} \qquad (3.10)$$

La minimisation de l'erreur (commande) entre la position courante et la position désirée se fait suivant la fonction de tâche [**Espiau95**], on peut la définir sous la forme :

$$e = C . (S-S^*) \qquad (3.11)$$

On peut démontrer la convergence vers 0 de la fonction de tâche après avoir fait intervenir C qui est une matrice en générale 6 x d de rang plein appelée aussi une matrice de combinaison qui permet de prendre en compte un nombre d d'informations visuelles S plus grand que le nombre de degrés de liberté du robot.
Nous allons à présent considérer la matrice $C = I$ (matrice d'identité) pour simplifier les calculs qui suivent.

Nous considérons que notre fonction de tâche est l'erreur dans l'image e

La commande la plus utilisées est celle de la décroissance exponentielle découplée de la fonction de tâche s'exprime sous la forme:

$$\dot{e} = -k.\, e \qquad (3.12)$$

k est le gain positif de l'asservissement
ce qui conduit à $e(t) = e(0).\, e^{-kt}$ avec $e(0)$ est la valeur de e à l'instant t = 0.

En dérivons la fonction de tâche la relation (3.11) devient

$$\dot{e} = \dot{S} = L_s^z.\, V$$

$$\dot{e} = L_s^z.\, V = -k.\, e$$

On multiplie par $L_s^{z\,+}$ les deux côtés on aura

$$L_s^{z+}.\, L_s^z.\, V = -k.\, L_s^{z+}.\, e$$

Et la loi de commande s'écrit :

$$V = -k.\, L_s^{z+}.\, e \qquad (3.13)$$

avec $L_s^{z+}.\, L_s^z = I$

En pratique, les paramètres intervenant dans la matrice d'interaction ne peuvent d'être qu'estimés. La loi de commande devient donc en conditions réelles :

$$V = -k.\, \widehat{L_s^z}^{+}.\, e \qquad (3.14)$$

On aura la représentation du système (équation d'état) en boucle fermée

$$\dot{e} = -k.\, L_s^z.\, \widehat{L_s^z}^{+}.\, e \qquad (3.15)$$

L'étude de stabilité se porte sur la boucle fermée du système, cette boucle fermée dépend de la matrice d'interaction (la exacte et l'inverse de son estimation). Une fonction candidate quadratique de Lyapunov donnée ci-après, nous permettra d'analyser la stabilité en utilisant la modélisation LMI. Nous détaillerons dans la suite cette étude pour une application d'asservissement visuel d'un robot mobile.

$$V = e^T.P.e \qquad (3.16)$$

avec $P = P^T > 0$ *(définie positive)*

On calcul la dérivé de la fonction Lyapunov

$\dot{V} = \dot{e}^T.P.e + e^T.P.\dot{e}$

$\dot{e}(t) = \sum_{i=1}^{r} h_i(x(t)).Ai.e(t)$ d'après (1.9)

avec i=1,…,r avec r : règle floue

$\dot{V} = (\sum_{i=1}^{r} h_i.Ai.e)^T.P.e + e^T.P(\sum_{i=1}^{r} h_i.Ai.e)$

$\dot{V} = \sum_{i=1}^{r} h_i (e^T.Ai^T.P.e + e^T.Ai.P.e)$

$$\dot{V} = e^T.\sum_{i=1}^{r} h_i (Ai^T.P + P.Ai).e \qquad (3.17)$$

La condition de stabilité asymptotique globale est :($Ai^T.P + P.Ai$) < 0 (définie négative)
Il faut à présent trouver une matrice P qui permet de vérifier les LMI en question, et par la suite en trouvera le domaine de la stabilité.

Remarques

Dans cette partie, pour la commande 2D (se référer à l'annexe 2 pour la commande 3D) nous avons négligé l'effet dû au déplacement de la cible. Certains travaux ont tenté d'estimer ce déplacement afin d'introduire dans la loi de commande une compensation de son effet **[Bensalah96]**. Cette estimation se base souvent sur un modèle de déplacement de la cible à vitesse constante couplé à un filtre de Kalman. On peut néanmoins noter que si aucune information n'est disponible quant à la dynamique de la cible, une telle estimation n'est d'aucune utilité.

3.5 Application

Rappelons qu'une loi de commande en asservissement visuel consiste à contrôler le mouvement d'un système dynamique à partir d'informations visuelles S calculées à partir de l'image la question qui se pose est ce que cette loi de commande garantie-t-elle la stabilité du système ?

En ce qui concerne les asservissements visuels la stabilité de la commande 2D a été très peu étudiée à cause des non linéarités, souvent complexes, des éléments de la matrice d'interaction, par la suite on va constater que plus on a des points plus la matrice devient très compliquée et plus l'étude de l a stabilité devient plus difficile

Cette partie traite la problématique suivante : la stabilité de la commande en asservissement visuel 2D

Nous traiterons dans cette thèse le cas des points qui sont les primitives les plus couramment employées.
Soit $S = [x1\ y1\ :::\ xn\ yn]^T$ le vecteur des mesures dans l'image avec (x_i, y_i) les coordonnées des points dans l'image.
avec L_s^z constituée de n matrices $L_{(x,y)}^z$ empilées.

Dans ce chapitre nous allons traiter un asservissement visuel 2D d'un robot mobile holonome, comme le montre la figure (figure 3.5) la caméra est embarquée sur robot mobile.
L'axe optique de la caméra est aligné avec la direction de la vitesse longitudinale et l'axe de rotation du robot est aligné avec l'axe y de la caméra.
Nous supposons que le passage entre le repère robot et le repère caméra est connue.

Par la suite la commande sera calculée dans le repère caméra

Fig. 3.5   robot mobile avec caméra embrarquée

Nous avons donc deux vitesses de la caméra, vitesses de translation v_{cz} et celle de rotation w_{cy}. La matrice d'interaction se réduit à la forme donnée

D'après les calculs précédents de la commande 2D et l'équation du système d'état On a :

$V = -k \cdot (\widehat{L^z_{s*}})^+ \cdot (S-S^*)$

$\dot{e} = -k \cdot L^z_s \cdot \widehat{L^z_s}^+ \cdot e$ avec $e = (x-x^*, y-y^*)$ avec (x^*, y^*) constant

Le cas particulier de l'application donne ce qui suit. On introduit le IBVS avec un point (x,y)
D'après la relation (2.3) dans les mesures visuelles 2D la matrice d'interaction sera comme suit :

$$L^z_s = \begin{bmatrix} x/Z & -(1+x^2) \\ y/Z & -xy \end{bmatrix}$$

$$\widehat{L^z_s} = \begin{bmatrix} x/\hat{Z} & -(1+x^2) \\ y/\hat{Z} & -xy \end{bmatrix}$$

$$\widehat{L^z_s}^+ = \begin{bmatrix} -x\hat{Z} & -(1+x1^2)\hat{Z}/y \\ -1 & x/y \end{bmatrix}$$

$$Q = L^z_s \cdot \widehat{L^z_s}^+ = \begin{bmatrix} 1 + x^2(z-\hat{Z})/z & -(1+x^2)x(z-\hat{Z}/yz \\ xy(z-\hat{Z})/z & -x^2(z-\hat{Z})/z + \hat{Z}/z \end{bmatrix}$$

L'étude de stabilité se porte essentiellement sur la matrice **Q** de la boucle fermée de notre système, cette dernière dépend de la matrice d'interaction (la exacte et l'inverse de son estimation).

Nous avons traité dans le chapitre 1 - exemple N°2 - comment construire le modèle floue à partir de la représentation du système non linéaire autonome

On va essayer par la suite de faire une analogie avec notre système d'état en construisant un polytope (des max et des min des fonctions) et la stabilité dans ce dernier garantie la stabilité du système.

Pour simplifier la suite posons

$x(t) \in [-1,1]$ et $y(t) \in [-1,1]-\{0\}$ et la profondeur $z > 0$

$$Q = \begin{bmatrix} 1 + x^2(z - \hat{Z})/z & -(1 + x^2)x(z - \hat{Z}/yz) \\ xy(z - \hat{Z})/z & -x^2(z - \hat{Z})/z + \hat{Z}/z \end{bmatrix}$$

Rappelons l'équation d'état

$$\dot{e} = -k \cdot Q \, e$$

avec $e = (x-x^*, y-y^*)$ et (x^*, y^*) constant

$$\dot{e} = k \cdot \begin{bmatrix} -1 - x^2(z - \hat{Z})/z & (1 + x^2)x(z - \hat{Z}/yz) \\ -xy(z - \hat{Z})/z & x^2(z - \hat{Z})/z - \hat{Z}/z \end{bmatrix} \cdot e$$

Pour simplifier les calculs posons $\alpha = \hat{Z}/z$ et on fait entrer le signe (-) on trouve à la fin la nouvelle matrice Q

$$Q = \begin{bmatrix} (-x^2)(1 - \alpha) - 1 & ((1 + x^2)\frac{x}{y})(1 - \alpha) \\ (-yx)(1 - \alpha) & (x^2)(1 - \alpha) - \alpha \end{bmatrix}$$

En fonction des non linéarités qu'on trouve dans la matrice Q nous posons :

$$f1 = (-x^2)$$

$$f2 = (1 + x^2)\frac{x}{y}$$

$$f3 = (-yx)$$

d'où

$$Q = \begin{bmatrix} f1(1 - \alpha) - 1 & f2(1 - \alpha) \\ f3(1 - \alpha) & -f1(1 - \alpha) - \alpha \end{bmatrix}$$

on calcule le minimum et le maximum des valeurs de $f1$, $f2$ et $f3$ en tenant compte des $xi(t) \in [-1,1]$ et $yi(t) \in [-1,1]$ et de la condition $y(t) \neq 0$ (où il y a présence d'une singularité)

$$f1 = (-x^2)$$

on a : $-1 \leq x \leq +1$ donc $0 \leq x^2 \leq +1$

ce qui donne $-1 \leq f1 \leq 0$

donc le $min(f1)=-1$ et le $max(f1)=0$

$$f2 = (1 + x^2)\frac{x}{y}$$

on a : $-1 \leq x \leq +1$ donc $1 \leq 1+x^2 \leq 2$

$$-\frac{1}{e} \leq \frac{x}{y} \leq \frac{1}{e}$$

et $e \leq |y| \leq +1$

ce qui donne $-\frac{1}{e} \leq f2 \leq \frac{2}{e}$

donc le $min(f2) = -\frac{1}{e}$ et le $max(f2) = \frac{2}{e}$

$$f3 = (-yx)$$

on a : $-1 \leq x \leq +1$ et $-1 \leq y \leq +1$

$-1 \leq -yx \leq +1$

Ce qui donne $-1 \leq f3 \leq +1$

donc le $min(f3) = -1$ et le $max(f3) = +1$

Construisons maintenant les fonctions des variables de prémisses

$F_1^0(f_1x(t)) = $ (f1-f1^{min}) / (f1^{max}-f1^{min}) = $(1-x^2)/1 = = (1-x^2)$

$F_1^1(f_1x(t)) = $ (f1^{max} -f1) / (f1^{max}-f1^{min}) = $(x^2)/1 = (x^2)$

$F_2^0(f_2x(t)) = $ (f2-f2^{min}) / (f2^{max}-f2^{min}) = $((1+x^2)\frac{x}{y}+\frac{1}{\epsilon})/\frac{3}{\epsilon} = \frac{1}{3}\left(\epsilon(1+x^2)\frac{x}{y}+1\right)$

$F_2^1(f_2x(t)) = $ (f2^{max} -f2) / (f2^{max} -f2^{min}) = $\frac{1}{3}\left(-\epsilon(1+x^2)\frac{x}{y}+2\right)$

$F_3^0(f_3x(t)) = $ (f3 -f3^{min}) / (f3^{max} -f3^{min}) = $\frac{1}{2}(1-xy)$

$F_3^1(f_3x(t)) = $ (f3^{max} -f3) / (f3^{max} -f3^{min}) = $\frac{1}{2}(1+xy)$

Donc on construit le modèle floue T.S.suivant :

Si $f1x(t)$ est max, $f2x(t)$ est max, $f3x(t)$ est max alors $\dot{e}(t) = A1e(t)$
avec $h1(x(t)) = F_1^1.F_2^1.F_3^1$

Si $f1x(t)$ est max, $f2x(t)$ est max, $f3x(t)$ est min alors $\dot{e}(t) = A2e(t)$
avec $h2(x(t)) = F_1^1.F_2^1.F_3^0$

Si $f1x(t)$ est max, $f2x(t)$ est min, $f3x(t)$ est max alors $\dot{e}(t) = A3e(t)$
avec $h3(x(t)) = F_1^1.F_2^0.F_3^1$

Si $f1x(t)$ est max, $f2x(t)$ est min, $f3x(t)$ est min alors $\dot{e}(t) = A4(t)$
avec $h4(x(t)) = F_1^1.F_2^0.F_3^0$

Si $f1x(t)$ est min, $f2x(t)$ est max, $f3x(t)$ est max alors $\dot{e}(t) = A5e(t)$
avec $h5(x(t)) = F_1^0.F_2^1.F_3^1$

Si $f1x(t)$ est min, $f2x(t)$ est max, $f3x(t)$ est min alors $\dot{e}(t) = A6e(t)$
avec $h6(x(t)) = F_1^0.F_2^1.F_3^0$

Si $f1x(t)$ est min, $f2x(t)$ est min, $f3x(t)$ est max alors $\dot{e}(t) = A7e(t)$
avec $h7(x(t)) = F_1^0.F_2^0.F_3^1$

Si $f1x(t)$ est min, $f2x(t)$ est min, $f3x(t)$ est min alors $\dot{e}(t) = A8(t)$
avec $h8(x(t)) = F_1^0.F_2^0.F_3^0$

Les matrices Ai s'écrivent :

$$A_1 = k \cdot \begin{bmatrix} -1 & (\frac{2}{e})(1-\alpha) \\ (1-\alpha) & -\alpha \end{bmatrix} \quad A_2 = k \cdot \begin{bmatrix} -1 & (\frac{2}{e})(1-\alpha) \\ -(1-\alpha) & -\alpha \end{bmatrix}$$

$$A_3 = k \cdot \begin{bmatrix} -1 & (\frac{-1}{e})(1-\alpha) \\ (1-\alpha) & -\alpha \end{bmatrix} \quad A_4 = k \cdot \begin{bmatrix} -1 & (\frac{-1}{e})(1-\alpha) \\ -(1-\alpha) & -\alpha \end{bmatrix}$$

$$A_5 = k \cdot \begin{bmatrix} \alpha-2 & (\frac{2}{e})(1-\alpha) \\ (1-\alpha) & 1 \end{bmatrix} \quad A_6 = k \cdot \begin{bmatrix} \alpha-2 & (\frac{2}{e})(1-\alpha) \\ -(1-\alpha) & 1 \end{bmatrix}$$

$$A_7 = k \cdot \begin{bmatrix} \alpha-2 & (\frac{-1}{e})(1-\alpha) \\ (1-\alpha) & 1 \end{bmatrix} \quad A_8 = k \cdot \begin{bmatrix} \alpha-2 & (\frac{-1}{e})(1-\alpha) \\ -(1-\alpha) & 1 \end{bmatrix}$$

Sachant que :

$$\dot{e}(t) = \sum_{i=1}^{8} h_i(x(t)) \cdot A_i \cdot e(t)$$

Cette écriture représente exactement le modèle non linéaire $\dot{e} = -k \cdot Q \cdot e$ dans le domaine : $x(t) \in [-1,1]$ et $y(t) \in [-1,1] - \{0\}$

Remarque: *Les modèles T-S obtenus via une transformation polytopique convexe dépendent directement du nombre des non-linéarités à découper. Ainsi, lorsque l'on a les termes non linéaires, alors le modèle T-S est constitué de $r = 2^n$ règles floues.*

Donc on arrive à la fin à la condition de stabilité asymptotique globale $(Ai^T. P + P. Ai) < 0$ *(définie négative)*, et les LMI recherchées :

$A_1^T. P + P. A_1 < 0$

$A_2^T. P + P. A_2 < 0$

$A_3^T. P + P. A_3 < 0$

$A_4^T. P + P. A_4) < 0$

$A_5^T. P + P. A_5 < 0$

$A_6^T. P + P. A_6 < 0$

$A_7^T. P + P. A_7 < 0$

$A_8^T. P + P. A_8 < 0$

A présent nous devons chercher la matrice P qui satisfait les conditions de toutes les LMI (avec i= 1,…8) et le domaine de la stabilité.

Pour cela nous avons utilisé Matlab avec la Toolbox **YALMIP** qui nous a permis d'étudier la stabilité en fonction de $\alpha = \hat{Z}/z$ et $\in$ pour borner y.

La fonction utilisée est **P = sdpvar (2,2,'symmetric')** pour trouver la matrice P qui satisfait les huit (08) conditions LMI précédentes.

Nous avons pris en compte les hypothèses suivantes :

f1min = -1;   f1max = 0;
f2min = -1/ε ;   f2max = 2/ε;
f3min = -1;   f3max = 1;

k le gain vari de 0.1 à 3 d'un pas de 0.1 (dans le programme noté lambda)
α vari de 0 à 10 d'un pas de 0.1
ε vari de 0.1 à 1 d'un pas de 0.1
La matrice P trouvée 2x2 (symétrique, real, 3 variables, les valeurs propres entre [5.8087e-017,8.4915e-016])

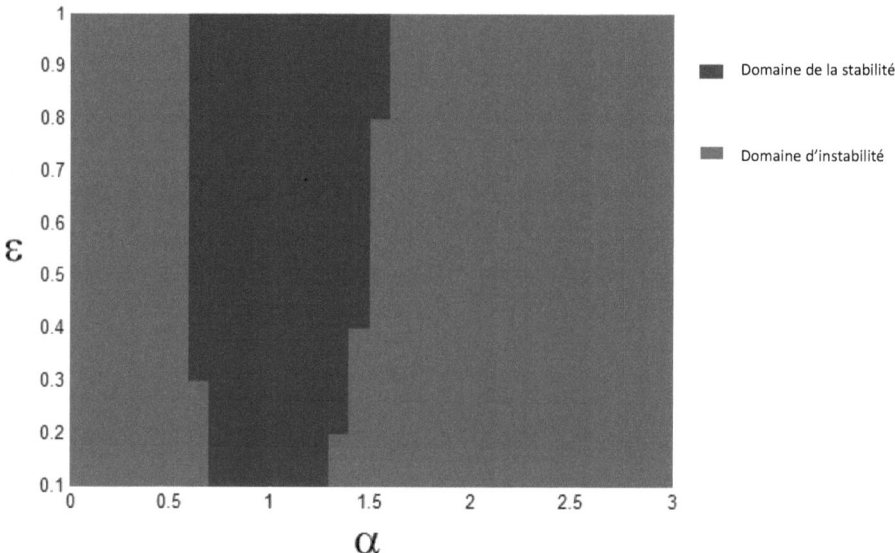

Fig. 3.6 domaine de la stabilité du système d'état

La figure montre le domaine de la stabilité (en bleu) en fonction du rapport entre les profondeurs estimée et réelle $\alpha = \hat{Z}/z$ et la valeur de y.

Le gain k n'a pas une grande influence sur la variation de y et $\alpha = \hat{Z}/z$

La linéarité du système correspond au max et min des matrices Ai stabilisant simultanément chacun des modèles locaux, ce qui est souvent très conservatif.

Il est donc nécessaire que chaque matrice Ai soit asymptotiquement stable, c'est-à-dire que les valeurs propres de chaque matrice Ai doivent appartenir au demi-plan gauche du plan complexe.

La marge d'erreur sur l'estimation $\hat{Z}/z$ est plus grande lorsque Y s'approche de la valeur, et du coup devient plus petite lorsque cette dernière s'approche de la singularité (y=0).

Maintenant on essayera d'augmenter le nombre de degrés de libertés de deux (02) à 3 (trois) degrés il nous faut au moins 2 points pour calculer notre commande.

On utilise une caméra (embarquée) pour commander le robot cette fois ci l'axe Z du repère de la caméra est supposé aligné avec l'axe de rotation du robot et les axes X Y de la caméra sont supposés confondus avec l'axe des vitesses longitudinale et latéral

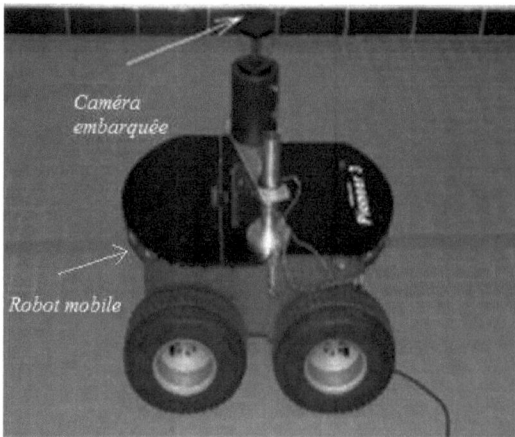

Fig. 3.7 robot mobile avec caméra embarquée orientée vers le haut

Pour deux (02) points (x_1, y_1) et (x_2, y_2) la matrice d'interaction sera comme suit :

$$L_s^z = \begin{bmatrix} -1/Z1 & 0 & x1/Z1 & x1y1 & -(1+x1^2) & y1 \\ 0 & -1/Z1 & y1/Z1 & (1+x1^2) & -x1y1 & -x1 \\ -1/Z2 & 0 & x2/Z2 & x2y2 & -(1+x2^2) & y2 \\ 0 & -1/Z2 & y2/Z2 & (1+x2^2) & -x2y2 & -x2 \end{bmatrix}$$

Remarque : Pour 02 points la matrice d'interaction devient très compliquée, il reste à calculer la pseudo inverse et faire les études de la stabilité.

Dans notre application la matrice d'interaction se simplifie comme suit:

$$L_s^z = \begin{bmatrix} -1/Z1 & 0 & y1 \\ 0 & -1/Z1 & -x1 \\ -1/Z2 & 0 & y2 \\ 0 & -1/Z2 & -x2 \end{bmatrix}$$

Ou encore

$$L_s^z = \begin{bmatrix} A1 & B1 \\ A2 & B2 \end{bmatrix}$$

Avec Ai et Bi

Et $A_i = (1/Z_i) \cdot \begin{bmatrix} -1 & 0 \\ 0 & -1 \end{bmatrix}$ et $B_i = \begin{bmatrix} y_i \\ -x_i \end{bmatrix}$

On considère que la variation est sur la profondeur $\widehat{Z}_i$

$$(\widehat{L_s^z})^+ = [\widehat{A}(\widehat{Z}) \quad B]$$

Le système en boucle fermée

$$\dot{e} = -k \cdot Q \cdot e \text{ avec } Q = L_s^z \cdot \widehat{L_s^z}^+$$

On peut calculer la forme analytique de Q

$$Q = \begin{bmatrix} Q_{11} & Q_{12} \\ Q_{21} & Q_{22} \end{bmatrix}$$

Soit

$$Q_{11} = \frac{\widehat{Z_1}\,\widehat{Z_2}}{\widehat{Z^2}_1 + \widehat{Z^2}_2} \begin{bmatrix} \frac{\widehat{Z_2}}{Z_1} + \frac{\widehat{Z_1}}{Z_2} & 0 \\ 0 & \frac{\widehat{Z_2}}{Z_1} + \frac{\widehat{Z_1}}{Z_2} \end{bmatrix}$$

$$Q_{12} = 0$$

$$Q_{21} = \left(\frac{1}{x^2_1 + y^2_1 + x^2_2 + y^2_1}\right) \cdot \left[-\frac{y_1}{Z_1} - \frac{y_2}{Z_2} \quad \frac{x_1}{Z_1} + \frac{x_2}{Z_2}\right]$$

$$Q_{22} = \begin{bmatrix} -1 \\ -1 \end{bmatrix}$$

D'où

$$Q = \begin{bmatrix} \frac{\widehat{Z_1}\,\widehat{Z_2}}{\widehat{Z^2}_1 + \widehat{Z^2}_2} \cdot \left(\frac{\widehat{Z_2}}{Z_1} + \frac{\widehat{Z_1}}{Z_2}\right) & 0 & 0 \\ 0 & \frac{\widehat{Z_1}\,\widehat{Z_2}}{\widehat{Z^2}_1 + \widehat{Z^2}_2} \cdot \left(\frac{\widehat{Z_2}}{Z_1} + \frac{\widehat{Z_1}}{Z_2}\right) & -1 \\ \frac{1}{x^2_1 + y^2_1 + x^2_2 + y^2_1} \cdot \left(-\frac{y_1}{Z_1} - \frac{y_2}{Z_2}\right) & \frac{1}{x^2_1 + y^2_1 + x^2_2 + y^2_1} \cdot \left(\frac{x_1}{Z_1} + \frac{x_2}{Z_2}\right) & -1 \end{bmatrix}$$

Sachant que le nombre de sommet du plytope dépend du nombre n de non linéarité (2^n)

L'étude de stabilité d'un tel système devient vite très compliquée mais reste faisable.

3.6 Conclusion

Dans ce chapitre, nous avons passé en vue les différents types de commandes des asservissements visuels, particulièrement la commande cinématique 2D où nous avons synthétisé une loi de commande dans le but d'étudier la stabilité du système, et à la fin nous avons illustré notre étude de stabilité par une application d'une caméra embarquée sur un robot mobil, où on a essayé d'étudier le problème de stabilité en appliquant l'approche du modèle floue de Takagi-Sugeno dont nous avons transformé le problème du système non linéaire en problème de contraintes LMI.

Conclusion et perspectives

Les asservissements visuels impliquent la mise en œuvre d'au moins trois (03) sous-systèmes :
Un capteur visuel, un dispositif d'acquisition / traitement et un système mécanique actionné.
Le capteur visuel est souvent une caméra, mais peut également être tout type de dispositif imageur (scanner, IRM, caméra linéaire, ...)

Le dispositif d'acquisition/traitement est un système capable de traiter l'information visuelle numérisée, autrement dit un ordinateur. Souvent, c'est le même système qui est chargé du traitement de l'image et de la commande. Cette commande qui résulte du retour visuel est envoyée au système mécanique actionné. Dans la plupart des cas, il s'agit d'un robot mais il peut également s'agir de systèmes plus simples ou plus compliqué.

Dans cette thèse, nous avons présenté au premier chapitre un bref rappel de travaux sur la modélisation, la stabilité, et la stabilisation des modèles flous de type Takagi Sugeno (T-S) ainsi que leur extension à la classe des descripteurs du même type, et donner deux exemples classiques pour mieux comprendre la modélisation de type T.S. l'étude de la stabilité est basée sur les conditions des LMI qui ont découlent du modèle T.S.

En suite, dans le second chapitre, nous avons cité les différentes classes d'asservissement visuel (AV2D, AV3D, $AV2D_{1/2}$, AV2D/dt). Nous avons mentionné également leurs avantages et inconvénients respectives. Nous avons terminé ce chapitre par décrire le système d'acquisition d'image par une caméra en abordant le modèle de la caméra perspective (pinehole).

Nous avons détaillé au dernier chapitre la loi de commande à savoir les types de commande en boucle fermée et surtout la loi de commande qui en résulte de l'asservissement 2D et la fonction de tâche, ainsi que l'expression du système d'état des AV2D et illustrer par des applications où nous avons étudié sa stabilité en appliquant la modélisation par l'approche de T.S. et les conditions de stabilités sur les LMI sont étudiées à l'aide d'un programme écrit sous Matlab. A l'issue de cette analyse, nous avons obtenue le domaine garantissant la stabilité asymptotique de l'approche présentée. Nous avons montré par la suite qu'il était toujours possible d'analyser la stabilité de la commande par asservissement visuel 2D en utilisant la modélisation LMI. Cependant, les non linéarités des matrices d'interaction en AV 2D font accroitre la complexité de l'étude de la stabilité.

Perspectives:

La recherche dans le domaine des asservissements visuels est très active depuis une vingtaine d'année. En fait, elle est constamment dopée par les nouvelles possibilités qui s'offrent en termes de puissance de calcul, de performance des imageurs ou de nouvelles applications robotiques. Il n'en demeure pas moins qu'un certain nombre de problèmes de fond sont génériques à la discipline et peuvent être traités indépendamment de toute considération pratique.

La stabilité est l'un de ces problèmes de fond qui a été traité en premier. On marqué une étape importante dans la formalisation et la modélisation d'un asservissement visuel. Il démontre, en utilisant le formalisme dit de <**fonction de tâche**>, la stabilité asymptotique de la commande référencée image. Cette preuve de stabilité et les hypothèses qu'elle implique vont servir de point de départ à bon nombre de développements ultérieurs.

Un autre problème de fond est la robustesse: robustesse par rapport aux erreurs de modélisation, robustesse par rapport aux perturbations et surtout robustesse de la vision (occlusions, variations lumineuses,...). Cette quête de robustesse a été le sujet de nombreux travaux car c'est bien là le point faible des asservissements visuels.

En effet, pour que ce type de commande puisse être utilisé dans des conditions industrielles, il est nécessaire qu'elle soit fiable à 100%. Or, même si des asservissements visuels commencent à apparaître dans l'industrie, il faut bien reconnaître que leur champ d'application reste encore relativement limité.

Malgré tout, en maîtrisant un certain nombre de paramètre de l'environnement et en ayant un modèle relativement précis du système, il est possible de réaliser des asservissements visuels tout à fait robustes.

Dans la pratique la commande est donc adaptée à un fonctionnement lent de l'asservissement visuel. Le but des équipes de recherche est d'obtenir un moyen simple et efficace de réaliser des asservissements visuels sur des scènes du <**monde réel**> donc par définition complexes, et du coup les introduire dans la chirurgie et la surveillance

Le tracking est un application motivante dans le domaine de la vision relatif à la surveillance intelligente par la reconnaissance faciale, en comparant des caractéristiques dans le visage de référence et courant, la commande appliquée sur le vérin de la caméra fera le suivi les données seront transmises en utilisant les logiciels du traitement d'image vers le central de la surveillance.

Annexe

Annexe1

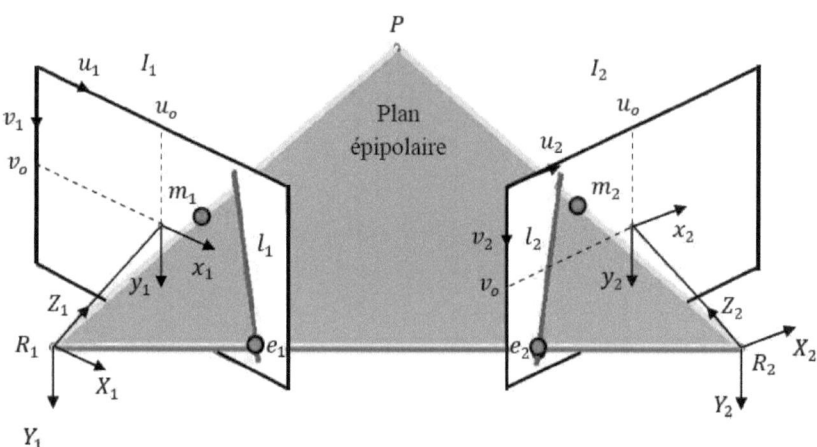

Fig. A1.1   projection – plan épipolaire

Géométrie projective

Géométrie euclidienne :

les coordonnées cartésiennes $(X\ Y\ Z)^T$

Géométrie projective :

les coordonnées homogènes $(x1\ x2\ x3\ x4)^T$

si x4=0 point à l'infini

si non $(x1\ x2\ x3\ x4)^T$. α . $(x1/x4\ x2/x4\ x3/x4\ 1)$

Pourquoi utiliser la géométrie projective :

- Une caméra est un outil projectif.
- Relations linéaires pour les changements de repère.
- Représenter les relations entre plusieurs vues.
- Représenter les points à l'infini.
- Un point de P^n est représenté par *n+1* coordonnées homogènes $(x1\ x2\ x3\ \dots x_n\ x_{n+1})^T$
- Une transformation entre deux espaces projectives est représentée par une matrice d'Homographie de dimension n+1 X n+1
- Une projection de P^{n+1} dans P^n est représentée par une matrice de projection de dimension n x n+1

[H. Hadj-Abdelkader 11]

Géométrie d'une vue

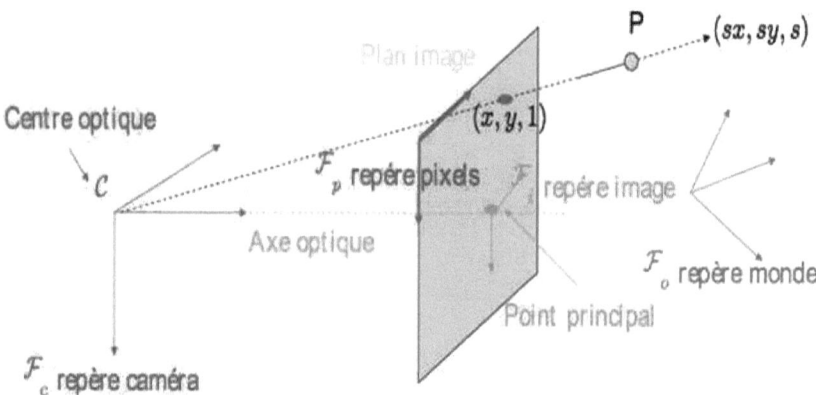

Fig. A1.2   modèle sténopé (1)

Une caméra

- Un centre de projection (centre optique) un plan image (rétine)
- Un point 3D est projeté le long du rayon qui le lie au centre optique
- La droite qui passe par le centre de projection et qui est perpendiculaire au plan image est appelé axe optique
- Le point d'intersection de l'axe optique avec le plan image est le point principal

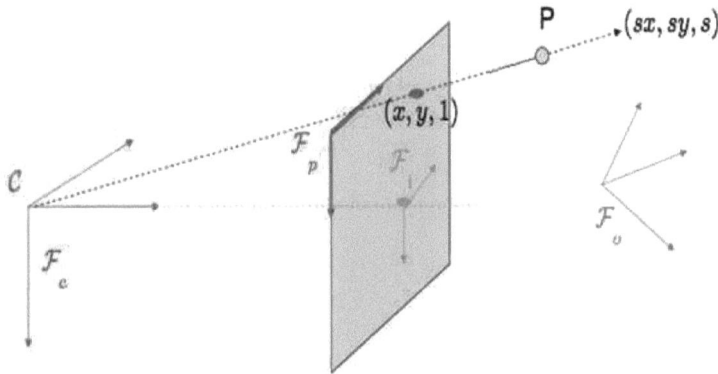

Fig. A1.3 modèle sténopé (2)

Intuition géométrique

- Un point de l'image est un rayon de l'espace
- Chaque point (x,y) du plan est représenté par un rayon (sx,sy,sz)
- Tout les points du rayon sont équivalents : (x,y,1)=(sx,sy,s)

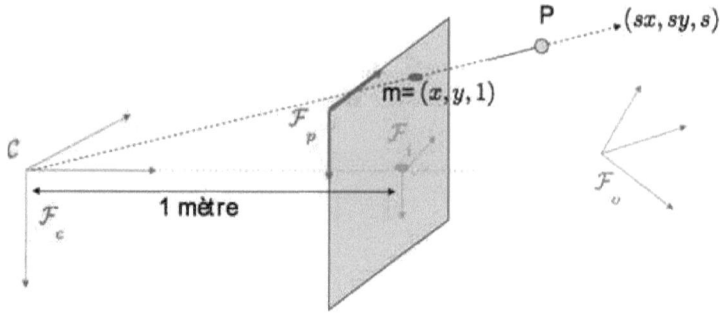

Fig. A1.4 Projection perspective

- Coordonnées du point P dans le repère de la caméra (Xc,Yc,Zc)
- Coordonnées normalisées : x=Xc/Zc et y=Yc/Zc
- Coordonnées normalisées homogènes : m=(Xc/Zc ,Yc/Zc ,1)

Puisqu'on est dans un espace projectif, on a :

$$\mathbf{m} = \frac{1}{Z_c}[X_c\ Y_c\ Z_c]^\top \propto \begin{pmatrix} 1 & 0 & 0 & 0 \\ 0 & 1 & 0 & 0 \\ 0 & 0 & 1 & 0 \end{pmatrix} [X_c\ Y_c\ Z_c\ 1]^\top$$

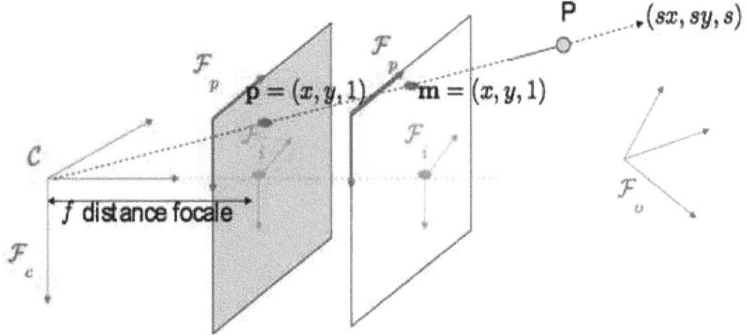

Fig. A1.5 prise en compte de la focale

- Coordonnées du point P dans le repère de la caméra (Xc,Yc,Zc)
- Coordonnées normalisées : x=f.(Xc/Zc) et y=f.(Yc/Zc)
- Coordonnées normalisées homogènes : p=(f.(Xc/Zc), f.(Yc/Zc),1)

Coordonnées homogènes normalisées du point **p**:

$$\mathbf{p} = \frac{1}{Z_c}[fX_c\ fY_c\ Z_c]^\top \propto \begin{pmatrix} f & 0 & 0 & 0 \\ 0 & f & 0 & 0 \\ 0 & 0 & 1 & 0 \end{pmatrix} [X_c\ Y_c\ Z_c\ 1]^\top$$

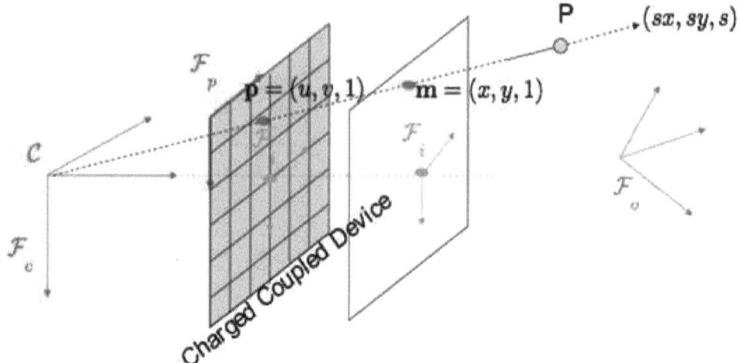

Fig. A1.6   Prise en compte des pixels

Image digitale (matrice de valeur)

Pixels exprimés dans F_p est notés $p=(u,v,1)^T$

Coordonnée du point principal dans F_p est notés $(u_0, v_0, 1)^T$

K_u et K_v densités de pixels dans les directions u et v

$$\mathbf{p} = \begin{bmatrix} u \\ v \\ 1 \end{bmatrix} \propto \begin{pmatrix} fk_u & 0 & u_0 \\ 0 & fk_v & v_0 \\ 0 & 0 & 1 \end{pmatrix} \mathbf{m} \propto \mathbf{K}\mathbf{P} \begin{bmatrix} X_c \\ Y_c \\ Z_c \\ 1 \end{bmatrix}$$

$$\mathbf{K} = \begin{pmatrix} fk_u & 0 & u_0 \\ 0 & fk_v & v_0 \\ 0 & 0 & 1 \end{pmatrix} = \begin{pmatrix} f & 0 & u_0 \\ 0 & fr & v_0 \\ 0 & 0 & 1 \end{pmatrix}$$

Paramètres intrinsèques de la caméra :

- distance focale : f
- aspect ratio : $r = K_u/K_v$
- point principal : u_0 et v_0

3D vers 2D : le modèle complet

$$\mathbf{p} = \begin{bmatrix} u \\ v \\ 1 \end{bmatrix} \propto \mathbf{\Pi} \begin{bmatrix} X_o \\ Y_o \\ Z_o \\ 1 \end{bmatrix}$$

$$\mathbf{\Pi} \propto \begin{pmatrix} f & 0 & u_0 \\ 0 & fr & v_0 \\ 0 & 0 & 1 \end{pmatrix} \begin{pmatrix} 1 & 0 & 0 & 0 \\ 0 & 1 & 0 & 0 \\ 0 & 0 & 1 & 0 \end{pmatrix} \begin{pmatrix} \mathbf{R} & \mathbf{t} \\ \mathbf{0_3} & 1 \end{pmatrix}$$

Paramètres intrinsèques   Projection perspective   Paramètres extrinsèques

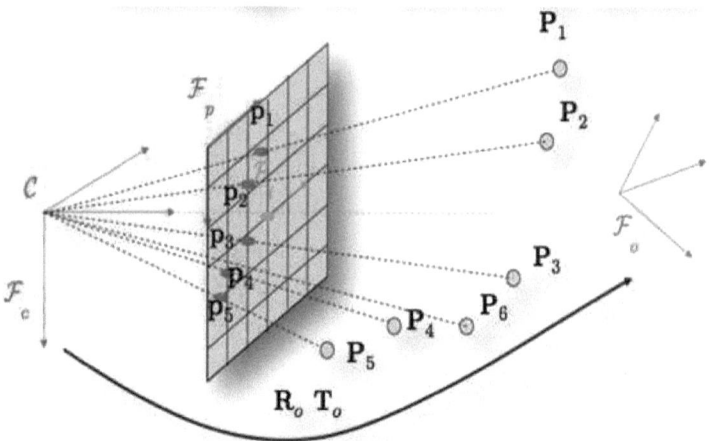

Fig. A1.7 Calibrage et calcul de la pose

Connaissant le modèle P^o_i et les points dans l'image $p_i(n>5)$, il peut être calculé et les matrices K, R_0, t_0 ex traitent.

Annexe2

Le but de l'asservissement est d'amener le robot de la position courante S vers la position désirée S^* par rapport à la cible (voir figure).

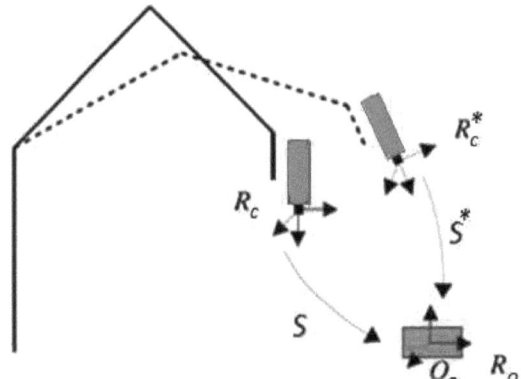

Fig. A2.1 Schéma dun AV3D

Soit S le vecteur de mesure (le vecteur de primitives visuelles):

$$S = \begin{bmatrix} T_{co} \\ R_{cc} \end{bmatrix}$$

Où T_{co} est le vecteur de translation entre le repère caméra courant R_c et le repère lié à l'objet R_o exprimé dans R_c.

Le vecteur R_{cc} représente les coordonnées dans R_c de la rotation entre le repère caméra désirée R^*_c et R_c.

D'autre part S^* est la valeur de référence du vecteur de mesure (le vecteur de primitives désiré) :

$$S^* = \begin{bmatrix} T_{c*o} \\ O_{3x1} \end{bmatrix}$$

où T_{c*o} est la translation désirée entre R_c et R_o exprimée dans R_c. Pour la partie rotation, lorsque $S = S^*$ on a bien $R^* = O_{3x1}$

Soit e la fonction de tâche (doit être réglée à 0) dénie par :
$e = S - S^*$

La matrice d'interaction L_s^v qui relie la dérivée temporelle de la mesure S au torseur cinématique V du repère caméra est donnée par : **[Hadj-Abdelkader11]**

$$L_s^v = \begin{bmatrix} -I_3 & [T_{co}]\,x \\ O_{3x1} & L_r^v \end{bmatrix}$$

Avec

$[T_{co}]\,x$: est la matrice antisymétrique du vecteur T_{co}
L_r^v : est le Jacobien 3x3 reliant les vitesses des coordonnées de la rotation R^* aux coordonnées du vecteur vitesse de rotation du repère caméra (les 3 dernières coordonnées de V).

Dans le cas particulier où on utilise la décomposition angle θ / axe u pour la rotation, on a:

$$L_r^v = L_{u\theta}^v = I_3 + (\theta/2)\,sinc^2\,(\theta/2)\,[u]_x + (1-sinc\,(\theta/2))\,[u]^2_x$$

On a donc :

$\dot{S} = L_s^v \cdot V$

Soit V_c le torseur cinématique de commande (le vecteur de commande en vitesse) envoyé au robot. On réalise la commande :

$$V_c = -k \cdot (\widehat{L_s^v})^{-1} \cdot e \qquad (A3.1)$$

Avec
k : un réel positif qui est le **gain** de l'asservissement
$\widehat{L_s^v}$: une ***estimation*** de la matrice d'interaction L_s^v connue aux erreurs de modélisation près (erreurs sur les paramètres 3D et les mesures dans le vecteur s)

Si on suppose que le robot réagit instantanément et sans dynamique, on a

$\dot{S} = L_s^v \cdot V_c$

Or S^* ne change pas dans le temps donc $\dot{S}^* = 0$

$$\dot{e} = \dot{S} - \dot{S}^* = \dot{S} = L_s^v \cdot V_c \qquad (A3.2)$$

On remplace la valeur de V_c dans $\dot{e}$ on aura donc ***la boucle fermée sous la forme canonique***

$$\dot{e} = -k \cdot L_s^v \cdot \widehat{L_s^v}^{-1} \cdot e \qquad \text{(la forme canonique) (A3.3)}$$

Dans le cas où on suppose que L_s^v est parfaitement connue, et en injectant (A3.1) dans (A3.2), on obtient:

$$\dot{e} = -k \cdot e \qquad (A3.4)$$

D'où

$$e(t) = e(0) \cdot e^{-kt}$$

une décroissance exponentielle de l'erreur où $e(0)$ est la valeur de la fonction de tâche à l'instant $t = 0$.

On peut aussi déduire la loi de variation de la mesure en fonction du temps :

On a le vecteur de mesure et désiré (le vecteur de primitives visuelles et celui désiré):

$$S = \begin{bmatrix} T_{co} \\ R_{cc} \end{bmatrix} \quad \text{et} \quad S^* = \begin{bmatrix} T_{c^*o} \\ 0_{3x1} \end{bmatrix}$$

La fonction de tâche $e = S - S^*$ avec $e(t) = e(0) \cdot e^{-kt}$

il suffit de remplacer les valeurs de S et S^* dans la fonction de tâche pour avoir la loi de variation de la mesure en fonction du temps et on obtient :

$$T_{co}(t) = T_{c^*o} + e^{-kt}(T_{co}(0) - T_{c^*o}) \qquad (A3.5)$$

$$R_{c^*c}(t) = R_{c^*c}(0) \, e^{-kt} \qquad (A3.6)$$

où $T_{co}(0)$ $R_{c^*c}(0)$) sont les valeurs des vecteurs de translation et rotation (définis avant) à l'instant $t = 0$.

Stabilité :

Si la fonction tâche est bien calculée **la stabilité globale asymptotique** *du système est garantie et obtenue pour la condition nécessaire et suffisante* $L_s^v \cdot \widehat{L_s^v}^{-1} > 0$ ***est satisfaite***

Remarque:

- La trajectoire $T_{co}(t)$ est une droite dans le repère caméra. C'est donc également une droite dans l'image. On en déduit que l'origine du repère R_o attaché à la cible à une trajectoire rectiligne dans l'image. C'est le seul point pour lequel on est sûr que sa trajectoire ne sortira pas de l'image.

- $R_{c^*o}(t)$ décrit également une droite. Si on a choisit la décomposition angle/axe, la trajectoire décrite par $R_{c^*o}(t)$ suit l'axe de la rotation entre l'image initiale et l'image finale. Le repère caméra va donc tourner autour de cet axe, décrivant ainsi une géodésique. Un autre choix pour la décomposition de la rotation est possible mais seule la décomposition angle/axe garantit une trajectoire optimale.

N.B. : Le comportement de cet asservissement en utilisant la décomposition angle/axe est très proche de celui de la commande 2D1/2. La supériorité de la commande 2D1/2 par rapport à cette commande 3D réside dans le fait qu'il n'est pas nécessaire de connaitre le modèle géométrique de la cible. De plus, il est possible de prouver la stabilité de la commande 2D1/2 en présence d'incertitudes ce qui n'est pas possible avec la commande 3D.

Annexe3

```
clear all;
close all;
clc

alpha = 0:0.1:3;
epsilon = 0.1:0.1:1;
lambda = 0.5; %:0.1:3;

B=zeros(length(epsilon),length(alpha));

figure(1); hold on;
figure(2); hold on;
% f1min = -1;
% f1max = 0;
% f2min = -1/epsilon(k);
% f2max = 2/epsilon(k);
% f3min = -1;
% f3max = 1;
for k=1:length(epsilon)
 for i=1:length(alpha)
    f1min = -1;
    f1max = 0;
    f2min = -1/epsilon(k);
    f2max = 2/epsilon(k);
    f3min = -1;
    f3max = 1;

    A1 = lambda*[f1max*(1-alpha(i))-1  f2max*(1-alpha(i));
                 f3max*(1-alpha(i))    -f1max*(1-alpha(i))-alpha(i)];

    A2 = lambda*[f1max*(1-alpha(i))-1  f2max*(1-alpha(i));
                 f3min*(1-alpha(i))    -f1max*(1-alpha(i))-alpha(i)];

    A3 = lambda*[f1max*(1-alpha(i))-1  f2min*(1-alpha(i));
                 f3max*(1-alpha(i))    -f1max*(1-alpha(i))-alpha(i)];

    A4 = lambda*[f1max*(1-alpha(i))-1  f2min*(1-alpha(i));
                 f3min*(1-alpha(i))    -f1max*(1-alpha(i))-alpha(i)];

    A5 = lambda*[f1min*(1-alpha(i))-1  f2max*(1-alpha(i));
                 f3max*(1-alpha(i))    -f1min*(1-alpha(i))-alpha(i)];

    A6 = lambda*[f1min*(1-alpha(i))-1  f2max*(1-alpha(i));
                 f3min*(1-alpha(i))    -f1min*(1-alpha(i))-alpha(i)];

    A7 = lambda*[f1min*(1-alpha(i))-1  f2min*(1-alpha(i));
                 f3max*(1-alpha(i))    -f1min*(1-alpha(i))-alpha(i)];

    A8 = lambda*[f1min*(1-alpha(i))-1  f2min*(1-alpha(i));
                 f3min*(1-alpha(i))    -f1min*(1-alpha(i))-alpha(i)];


    P = sdpvar(2,2,'symmetric');
```

```
    LMI1 = A1'*P+P*A1;
    LMI2 = A2'*P+P*A2;
    LMI3 = A3'*P+P*A3;
    LMI4 = A4'*P+P*A4;
    LMI5 = A5'*P+P*A5;
    LMI6 = A6'*P+P*A6;
    LMI7 = A7'*P+P*A7;
    LMI8 = A8'*P+P*A8;

    F =
set(P>0.0001)+set(LMI1<0)+set(LMI2<0)+set(LMI3<0)+set(LMI4<0)+set(LMI5<0)+s
et(LMI6<0)+set(LMI7<0)+set(LMI8<0);
    solution = solvesdp(F);

    if ((i>1) & (k>1))
        %sommets = [alpha(i) epsilon(k); alpha(i-1) epsilon(k); alpha(i-1)
epsilon(k-1); alpha(i) epsilon(k)];
        sommets = [alpha(i-1) epsilon(k-1); alpha(i-1) epsilon(k); alpha(i)
epsilon(k);   alpha(i) epsilon(k-1)];
    else
        sommets = [alpha(i) epsilon(k); alpha(max(i,i-1)) epsilon(k);
alpha(max(i,i-1)) epsilon(max(k,k-1)); alpha(i) epsilon(max(k,k-1));];
    end
    faces=[1 2 3 4];
    if solution.problem ==0
        figure(1); hold on;
        p =
patch('Faces',faces,'Vertices',sommets,'FaceColor','b','FaceColor','b');
        set(p,'EdgeColor','b')
        figure(2);
        plot(alpha(i),epsilon(k),'o');
        %B(k,i)=1;
        drawnow; %pause(0.1)k
    else
        figure(1); hold on;
        p =
patch('Faces',faces,'Vertices',sommets,'FaceColor','r','FaceColor','r');
        set(p,'EdgeColor','r');
        figure(2);
        plot(alpha(i),epsilon(k),'r+');
        drawnow; %pause(0.1)
    end
  end
end

break

 figure;
hold on;

for k=1:length(epsilon)
for i=1:length(alpha)
    if B(k,i,1)==1
     plot(alpha(i),epsilon(k),'+');
    else
     plot(alpha(i),epsilon(k),'ro');
    end;
end;
end;
```

Bibliographie

[Bensalah96] F. Bensalah. Estimation du mouvement par vision active. Thèse de doctorat, Université de Rennes 1, 1996.

[Chaumette02] F. Chaumette. <Potential problems of stability and convergence in image-based and position-based visual servoing>. Dans D. Kriegman,G. . Hager, et A. Morse, rédacteurs, <The Conuence of Vision and Control>, pages 66{78. LNCIS Series, No 237, Springer-Verlag, 1998.

[Espiau95] B. Espiau. Sur les erreurs en asservissement visuel. Rapport de
recherche de l'INRIA no. 2619, juillet 1995.

[Hadj-Abdelkader11] cours du H.A.H. 2011 Docteur en Vision et Robotique Maître de Conférences équipe HANDS - lab. IBISC Université d'Evry-Val-d'Essonne

[Jacques Ganglo] Asservissements visuels Notes de cours jacques@eavr.u-strasbg.fr 5 novembre 2004

[Malis04] E. Malis. <Improving vision-based control using efficient secondorder minimization techniques>. Dans <Proc. of the IEEE International Conference on Robotics and Automation>, pages 1843{ 1848. New Orleans, April 2004.

[Tahar BOUARAR]Contribution à la synthèse de lois de commande pour les descripteurs de type Takagi-Sugeno incertains et perturbés/Université de Reims Champagne Ardenne

[Takagi et Sugeno, 1985] T. Takagi and M. Sugeno. Fuzzy identification of systems and its applications to modeling and control. *IEEE Trans. on Systems, Man, and Cybernetics*, 15(1):116–132, January 1985.

[Tanaka et Wang 2001].[Morère , 2001]. Fuzzy ControlKevin M. Passino department of Electrical EngineeringThe Ohio State UniversityStephen Yurkovich Department of Electrical Engineering The Ohio State University

[Weiss84] L. Weiss. Dynamic visual servo control of robots : an adaptative image-based approach. Thèse de doctorat, Carnegie-Mellon University, 1984.

Oui, je veux morebooks!

I want morebooks!

Buy your books fast and straightforward online - at one of the world's fastest growing online book stores! Environmentally sound due to Print-on-Demand technologies.

Buy your books online at
www.get-morebooks.com

Achetez vos livres en ligne, vite et bien, sur l'une des librairies en ligne les plus performantes au monde!
En protégeant nos ressources et notre environnement grâce à l'impression à la demande.

La librairie en ligne pour acheter plus vite
www.morebooks.fr

SIA OmniScriptum Publishing
Brivibas gatve 1 97
LV-103 9 Riga, Latvia
Telefax: +371 68620455

info@omniscriptum.com
www.omniscriptum.com

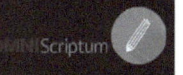

Printed by Books on Demand GmbH, Norderstedt / Germany